青春不迷茫

青少年心理问题的干预与预防

刘颖◎著

湘潭大学出版社
XIANGTAN UNIVERSITY PRESS

序 1

香樟翠绿、石榴花开，窗外的藤蔓结出了一颗颗绿色的小果，盛夏的雅礼，掩映在一片葱茏之中，处处雅致，生机无限。捧读刘颖老师送来的书稿，字里行间散发着教育的芬芳，令人沉醉其中。

教育的路径有很多，可以是逻辑缜密的言传，可以是春风化雨的身教，可以是朝暮不辞的陪伴，可以是醍醐灌顶的点拨，无论何种，教育产生作用，归根到底是要让生命个体的心性发生积极的、向上的变化。要促成这样的变化实为不易，尤其是对于心性本就还未健全和稳定的孩子们，师者更需提灯引路、长途跋涉。

一路行走，刘颖老师孜孜不倦地做着两件事：俯首精耕于地理教学，昂首为心灵点亮希望。俯仰之间是一场从“经师”到“人师”的盛大修行，“经师易求，人师难得”，难就难在痴心不改、热情不减，把学生当成孩子去养育，耗费心血只求孩子健康成长、茁壮成才。多少个午后，多少次陪伴，遮风挡雨、指点迷津，亦师亦友、亦师亦母。那些在行走中生成的对话，那些岳麓山上的温暖时光，让人为之动容，足见一位“人师”的真情和伟岸。

教师是学校发展力量源泉，一所学校拥有了一大批好教师，才会朝气蓬勃、熠熠生辉，拥有众多“人师”，才能达成教育理想，成为学生一辈子铭记于心的好学校。百余年来，雅礼和学生、和教师相互成就，在这片教育沃土上，教师对于创新和发展更好教育有着非凡的生命自觉。

当心理健康教育成为当下教育的难点，学校着眼于学生终身发展，以心理发展中心为支点，组建了一支专业化心理健康教育团队。这支队伍汇聚心理教师、班主任、学科教师及生活指导教师，从教育实践出发，遵循教育发展规律和人的身心发展规律，致广大而尽精微，系统推进心育工作纵深发展。刘颖老师心怀赤诚与热爱，自觉加入了这支队伍，从朴素而丰厚的教育经验中，一点一点采撷已凝练的智慧珍珠汇编成册，书中不仅倾注了她对青少年成长困惑的深刻体悟，更融合了心理专家的专业指导，为教育工作者提供参考与借鉴。

读者朋友们，当你翻开这本书，相信你会遇见一位躬耕教坛三十八载，以心育心，以情动情，与学生悲欢与共；以爱为犁，在教育的沃土上耕耘出累累硕果的良师益友。愿此书如春风化雨，润泽读者心田；愿每位师者，为孩子引航，为希望点灯。

是为序。

王　良

（作者系湖南省长沙市雅礼中学校长，中共党员，正高级语文教师、湖南省特级教师，湖南省教书育人楷模）

序 2

作为一位心理学工作者，我始终关注着教育实践与心理科学的融合创新。而在与刘颖老师十余年的交往中，我见证了一位教育实践者如何将发展心理学理论转化为充满疗愈力量的教育现场——这种转化不仅需要专业积淀，更需要教育者的人格修为。

刘老师的教育实践生动诠释了罗杰斯“无条件积极关注”的治疗理念。在她与特殊需求青少年的互动中，我观察到三个显著的心理机制：安全基地的建立、成长型思维的培育以及心理弹性的塑造。这种将深层心理需求转化为教育行为的功力，正是当代教育最稀缺的专业素养。

书中收录的临床案例尤其珍贵，这些叙事不仅呈现了问题解决的技术路径，更揭示了教育关系的治愈本质。这种严谨性使本书既可作为学校心理教师的实操手册，也能为临床工作者提供教育场域的干预参考。

在青少年抑郁检出率逐年攀升的今天，本书提出的“预防性心理教育”模式具有前瞻意义。刘老师将积极心理学PERMA模型巧妙融入日常教学，通过优势视角的运用，帮助学生在困境中发现自我效能感。这种既治标又治本的教育智慧，正是当代心理健康教育亟需的专业范式。

谨以此序向中国融合教育的开拓者致敬。本书是心理学理论与教育实践结合的典范，它提醒我们：真正的教育干预，应该如维果茨基所说的“搭建最近发展区”那样——既要懂得专业的脚手架搭建技术，更要拥有发现学生潜在高度的眼光。

钟亮红

（作者系教育学博士、国际认证心理剧导演/训练师、注册心理师）

自序

三尺讲台落满时光碎屑，青丝如墨终是两鬓成霜。我自1987年大学毕业后执起教鞭，三十八年始终扎根在基础教育一线，体验了20世纪80年代的煤油灯盏，千禧岁月的粉笔尘灰，直至如今高科技的智能屏幕，这份跨越三代教育现场的坚守，让我触摸到中国教育变迁的脉搏。这些年来，我也曾多次面临着职业的再选择，然而每当面临职业抉择的十字路口，心底总涌动着难以割舍的羁绊，那是课堂上充满期待的眼神，是信封内歪斜却真挚的字迹，是毕业照里青涩又纯粹的笑颜，这些镌刻着生命温度的故事，构成了我坚守讲台的精神基石。在2017—2018年度“立德树人·以教兴邦”荣誉班主任表彰典礼上，我曾立下誓言：若有三生三世，仍愿化作春风，润泽桃李。

之所以能不离不弃、快乐地坚持坚守，是因为我找到了一名教育工作者真正的人生价值。虽然一辈子默默无闻，没什么显赫的荣誉地位，但我几十年从未懈怠，不忘初心，用心育人，我和我的团队不仅为各级高校输送了许多人才，而且我们的良苦用心和付出点亮了一个个“问题”学生的希望，甚至一次次拯救了他们的生命，让这些家庭重燃希望，我的生命也因他们变得充实与幸福。

在三十八年的执教生涯中，我有十年扎根乡村，目睹留守儿童在物质匮乏中倔强生长；六年耕耘县城教育，见证城镇化进程中青少年的认同迷茫；二十二年省城教学实践，深切体会信息时代带来的价值虚无危机。这种三级跃迁的观察视角，使我能精准辨识不同社会剖面中青少年的精神图谱。近些年来，针对青少年心理健康问题越来越突出的社会现象，我诚恳地学习了许多专家的理论和方法，结合自己多年的工作体验，推出了一套行之有效的方法，编撰成了这本专著，希望能够与读者分享我的育人故事，帮助每一位有教育困惑的读者。当父母读到这本书的时候，您会更了解您的孩子发自内心的需要，您会洞察孩子那复杂的心路历程，您能静下心来倾听孩子那狂烈的青春呐喊。这对改善您与孩子的关系，改进对孩子的教育策略或许会有一些借鉴意义。当教师读到这本书的时候，您会更懂得您的学生怎么会变成这样，让您在教育学生的路上，多些理解，少些武断；多些理智，少些狂躁；多些倾听，少些说教；多些温柔，少些冷漠。书中叙述的多为我们师生的故事，为了保护故事中的主人公，文中所有案例均经文学化处理，隐去可识别信息，关键对话采用场景重构方式呈现。

此外，我想借这个机会衷心地表达我的谢意。致万千学子，你们眼里的星光永远照亮我的教育星空；致教育同仁，深夜办公室的灯火见证着我们共同的坚守；致每位家长，家校共育的征途上你们是最坚定的同盟者。

这部跨越代际的教育手记，既是献给年轻教育者的成长指南，更是我对教育初心的永恒朝圣。愿书中流淌的温暖与智慧，能化作滋养教育花园的绵绵春雨。

目录

引言

人的青少年时期，是令人羡慕的黄金时期，也是行为问题的高峰期。多数人会在家庭、学校、社会的共同努力下平稳度过，塑造良好的行为模式，但也有不少人会发生偏离，产生心理、行为上的障碍，出现严重的心理问题。在现代社会，青少年的心理健康问题已经成为一个值得全社会关注的重要议题。

2021 年 3 月，中国科学院心理研究所的报告显示，中国青少年在 2019—2020 年间的抑郁检出率高达 24.6%，其中重度抑郁占 7.4%，并且抑郁检出率随着年级的升高而逐渐升高。高中阶段的抑郁检出率接近 40%，其中重度抑郁的检出率为 10.9%—12.5%。学业压力成为青少年抑郁症患者身上的重要负担。2023 年社会科学文献出版社出版的《中国国民心理健康发展报告（2021—2022）》进一步指出，虽然超过 80%的成年人自我评价心理健康良好，但抑郁风险检出率约为十分之一。值得注意的是，青少年群体的抑郁风险和焦虑率显著超过成年人群体。这表明，青少年需要得到更多的关注和及时的心理干预。

在这样的背景下，关注青少年的心理健康问题显得尤为重要。青少年正处在人生的关键阶段，他们的心理健康不仅影响着当前的学习和生活，还将深远地影响他们的社会适应能力以及未来的发展前景。因此，提高公众对青少年心理健康问题的认识，努力创造各种条件、措施和应对策略，改善不良的家庭、学校教育模式，建立正确的学校、家庭辅导教育模式，营造更好的社会环境，从而帮助青少年更好地面对挑战，培养健康的心理状态，推动青少年行为良性发展已成为整个社会一个迫切需要去解决的问题。

中学阶段是青少年学业压力最大的阶段，也是心理问题出现的高频阶段。本书将以家庭、学校、社会和个人四个层面为重点来进行青少年心理问题探讨。家庭是青少年成长的第一环境，父母的教育理念、教育方式、父母的陪伴和家庭经济状况等对青少年的心理健康有着深刻的影响。学校因素，包括学生学业压力、教育教学理念和方式、教师的教育情怀、教师的教学能力、校园暴力与欺凌的问题等对青少年的心理发展同样起着关键作用。此外，社会因素如社会期待、价值观、网络媒体、同伴压力的问题也很重要。个人因素对青少年心理健康的影响更不可忽视，包括身份探索、学业压力、人际交往、无意义感和物质滥用等问题。本书通过这些多维度的分析，希望能够为青少年心理健康问题提供更全面、更深入的解决方案。

总之，提高对青少年心理健康问题的认识和理解，提出有效的干预策略和预防措施，帮助青少年建立更强的心理韧性，更好地应对学习和生活中的各种挑战，是当前社会各界需要共同努力的方向。通过这些努力，期望能够为青少年的心理健康和幸福生活做出实质性的贡献，为他们的未来发展奠定坚实的基础。

第一章

青少年心理发展特点与心理问题的表现、成因

第一节　青少年心理发展的特点

一、基本特点

青少年心理发展的基本特点在塑造他们的心理健康和幸福感方面起着至关重要的作用。了解这些特点，家长、老师和社会支持者可以更好地帮助他们应对挑战，促进他们的发展和幸福。以下是关于青少年心理发展的一些基本特点。

1. 身份认同探索

青少年在成长过程中往往会经历对自我身份与角色的积极探索阶段。“我是谁?”“我将成为怎样的人?”这类关于身份的探索在中学阶段表现得尤为强烈。他们可能会对自身的性别特征、文

化背景、宗教信仰以及个人价值观产生更深层次的疑问与思考。这个过程常常伴随着自我认同危机，因为他们需要同时理解“自我本质”和“社会定位”这两个重要命题。这种探索对个体的心理发展具有关键意义，但也可能引发显著的焦虑与困惑。

这些困惑既是学业压力的外在表现，更是青少年自我探索与身份建构的内在过程。通过教师、家长的协同引导以及学生自身的主动调适，这些问题将转化为促进其自我认知、明确发展路径的宝贵契机。

2. 自主性增强

青少年逐渐追求更多的独立性和自主性。他们希望能够自主决策、独立解决问题，不再完全依赖父母或老师的指导。这种自主意识的增强是其成长过程中的必然表现，但也可能由此引发与家庭、学校之间的冲突。

进入中学阶段后，从发型、着装、鞋子的选择，到作业完成、起居作息、人际交往等，学生们都渴望能够自主决定。比如部分中学女生会随身携带小镜子，有的开始尝试化妆；无论男生女生都格外注重自己的发型及面容整洁，即使需要提前到校，也坚持在早上洗头发，或化个淡妆。然而，中国许多家长长期保持着“保姆式”的教育方式，将管教和照顾孩子视为习惯，难以真正放手。这种教育理念与青少年成长需求的矛盾，往往会导致亲子关系的紧张与困惑。

案例

一位全职太太的女儿升入高中后，母亲为了让孩子专心学习、避免早恋，仍要求她保持小学时的短发造型。随着青春期发育，孩子的爱美之心日益强烈，特别在意他人对自己形象的评价。某次当她转身与后排男生讨论学习问题时，对方无意间说了一句："你的脸怎么这么大！"这句无心之言却深深刺痛了这个正值青春期的女孩。为了修饰脸型，她决定留长发来遮挡面部，从而在视觉上缩小脸型。正是这个"留长发还是剪短发"的选择，导致母女二人各执己见、僵持不下。

3. 社交关系重要性

青少年对社交关系的需求在中学阶段愈发凸显。这一阶段的青少年尤为重视与同龄人的互动，友情和恋爱关系在其情感生活中占据重要地位。然而，社交关系的变化与挑战往往会对他们的心理健康产生深远影响。

二、认知发展特点

青少年的认知能力经历着显著的发展和变化，这些变化对他们的学习和思考方式产生了深远的影响。以下是青少年认知发展的主要特点：

1. 抽象思维发展

青少年的思维逐渐从具体形象思维向抽象逻辑思维转变。他们能够更系统性地分析问题，深入理解抽象概念，并运用抽象思维解决复杂问题。这种认知能力的提升有助于他们适应更高层次的学业要求，掌握更具抽象性的知识。然而，由于个体发展差异，部分青少年的形象思维向抽象思维转换相对滞后，导致其在进入中学阶段（特别是高一）时出现适应困难。随着年级升高，学科知识对抽象思维能力的要求显著增强，这正是许多初中表现优异的学生升入高中后感到学习压力骤增，甚至出现心理困扰的重要原因之一。在后续章节中，我将针对此问题的应对策略进行专题探讨。

2. 自主学习

青少年逐渐培养自主学习的能力。他们开始学会自主管理时间、制定学习计划、设定学习目标，并选择适合自己的学习策略。这种自主性的培养不仅有助于他们更高效地应对学业压力，还能显著提升学习效率。然而，不少家长仍沿用学前班和小学阶段的监督方式，除学校作业外，孩子放学回家后还需完成家长布置的额外作业，参加无休止的课外培训班。这种过度干预完全剥夺了孩子的自主学习机会，不仅无法达到预期效果，反而会加剧青少年与父母之间的矛盾。

3. 思维独立

青少年逐渐形成独特的思维方式和观点。他们不再完全依赖成人的指导，开始学会独立分析问题并形成个人见解。这种思维独立性有助于培养其学术创造力和独创性。然而，这种批判性特质也容易引发青少年与父母、教师及其他权威之间的冲突。例如，青少年开始质疑父母、教师或教科书中的权威观点，坚持自己的想法，甚至刻意采取反向行为；部分学生在向老师请教学习问题时，反复强调自己的理解方法，难以接纳教师的建议；有些学生在课堂上认为教学内容过于简单，因而拒绝听讲；在选科过程中，尽管父母希望子女选择理科，但学生仍会依据个人兴趣偏好选择文科。

4. **批判性思维**

在思维方面，青少年逐渐变得更为成熟，能够更加熟练地分析信息、提出疑问并进行批判性思考。他们开始深入思考复杂议题，客观评估信息的可信度，并在此基础上形成独立判断。作为学习和未来职业发展的核心能力，批判性思维的培养至关重要。然而，这种批判性特质也容易引发青少年与父母、教师及其他权威之间的冲突。例如，青少年不再盲目接受成人的观点，而是通过逻辑推演或事实依据提出反驳——当学校禁止学生携带手机时，学生可能以“紧急联络需求”“辅助学习工具”等理由据理力争，却被教师指责为“钻制度空子”；又如，当学生对教材中某历史事件的单一叙述提出疑问（如通过查阅史料发现表述矛盾）时，往往被简单判定为“挑战权威”。

5. **思想探索**

青少年进入思想探索的关键阶段，开始深入思考道德规范、伦理准则和社会现实问题。他们表现出强烈的参与意识，热衷于探讨各类社会热点和政治议题，通过这种互动不断厘清和建构自己的价值体系与世界观。这种主动的思想探索不仅促进他们对社会运行机制和人类行为逻辑形成更系统、更辩证的认知，也为将来承担社会责任做好思想准备。值得注意的是，这种批判性思维特质往往导致青少年与父母、教师及其他权威人士之间产生认知摩擦。具体表现为：青少年热衷于讨论环保、平权等社会议题时，其观点常带有理想主义色彩，与成人基于现实经验的判断形成鲜明对比。例如，有学生以“穿衣自由”为由拒绝穿着校服，而家长则以维护“集体纪律”为由进行压制，甚至指责其“标新立异”；又如当学生希望参与环保抗议活动时，家长常以“影响学业”为由阻拦，并主观认定其“受到煽动”。这些冲突本质上反映了代际间价值观念和思维方式的差异。

三、情绪特点

在青少年阶段，他们的情绪发展呈现出一系列独特的特点，了解这些特点对于支持他们的心理健康至关重要：

1. 情绪多样性

青少年的情绪体验呈现多元化特征。他们能够同时经历喜悦、悲伤、愤怒、焦虑等多种情绪，这种复杂的情感谱系反映出他们对生活事件和挑战具有更加细腻的感知能力。情感的多样性既丰富了他们的精神世界，也可能引发更显著的情绪波动。具体表现为：同学之间可能因琐事爆发激烈冲突（如摔书泄愤），也可能因异性间微小的互助行为（如帮忙修锁、辅导功课）而产生强烈好感。我曾访谈一个恋爱中的女生"为何喜欢该男生"，得到的回答是："他很好，不仅帮我修锁，还经常帮我辅导作业。"此外，他们既会因测验取得好成绩或获得教师表扬而欣喜若狂，也会因生活琐事或师长善意的规劝而情绪低落，甚至对父母大发脾气。

2. 情绪表达障碍

部分青少年可能存在情绪表达困难的问题。他们往往难以通过恰当的语言或行为准确传达内心感受，导致情感体验与外在表现产生明显脱节。这种现象在青少年群体中尤为常见，例如，当考试成绩未达预期或与同学产生矛盾时，他们可能会持续情绪低落。具体表现为放学回家后异常沉默，面对父母的关心询问时，不仅拒绝沟通，甚至会出现情绪失控、无故发脾气的行为反应。

3. 情感承受力

情感承受力是青少年培养情绪应对与调节的能力。他们要学会如何处理生活中的挫折与压力，从而有效减轻情感负担。这种情感承受力不仅是心理健康的重要组成部分，更能帮助青少年积极应对生活中的各种挑战。研究表明，情感承受力的形成与家庭支持（如父母对失败的包容）及学校教育（如心理健康课程）密切相关，后文将对此展开详细论述。具体而言，情感承受力强的孩子在考试失利后，往往会主动分析错题、寻求教师指导，而非陷入消极自责；而情感承受力较弱的孩子则可能通过暴饮暴食或通宵游戏等方式逃避现实。

4. 情感关系

在青少年阶段，友情和恋爱关系的重要性显著提升。这些情感关系不仅深刻影响着青少年的情绪发展，其特有的亲密性与不稳定性，往往成为青少年情绪波动的核心诱因，同时也是他们锻炼社交能力的重要途径。例如，小孙因闺蜜“突然和其他人走得近”而产生强烈的嫉妒心理；小徐偷偷为暗恋对象精心准备早餐，遭到拒绝后情绪低落，连续一周上课时心神不宁；小杨因母亲擅自翻看其私密日记而激烈争执，认为个人边界遭受严重侵犯，继而与母亲陷入长达多日的冷战。

5. 情绪管理

青少年需要学会有效地管理情绪，以维护心理健康。他们应当准确识别自身情绪状态，并采取积极的应对策略，从而避免情绪问题进一步恶化。例如，情绪管理能力较强的小吕通过写日记梳理情绪波动，或通过跑步释放愤怒情绪；小魏在被嘲笑“胖”后，运用自我暗示“健康比体型更重要”有效缓解了焦虑。相比之下，情绪管理能力较弱的小郭在情绪低落时，选择伤害自己的方式来转移心里的痛苦。

四、个性发展特点

青少年的个性发展是一个多样而丰富的过程，每个青少年都有独特的特点和需求。以下是青少年个性发展的主要特点：

1. 个性多样性

青少年在性格、兴趣、价值观和天赋方面呈现出显著的多样性。每个青少年都是独一无二的个体，拥有鲜明的个性特征。这种多样性应当得到充分尊重与认可，而非将学生视为同质化的群体。例如，班级中的学生因性格差异，有的偏好独处，不擅社交，有的则表现活跃，擅长组织活动，并通过社交获取能量。此外，价值观的差异也使他们关注不同的领域：重视环保的小 C 积极参与校园垃圾分类倡导，而热衷科技的小 D 则专注于竞赛，坚信技术创新能推动未来的发展。家长和教育者需避免以单一标准评价学生，应关注其独特需求，并提供针对性的个性化支持。

2. 自我认知

在青少年阶段，个体逐渐深化对自我的认识。他们开始清晰识别自身优势与不足，明确个人兴趣与发展目标。这种自我认知是人格发展的关键环节，不仅能促进个性特质的完善，更能指导其做出与价值取向一致的理性决策。以中学阶段为例，学生可基于自我认知作出针对性选择：擅长逻辑思维的小 A 因数学考试成绩优异，主动加入奥数社团以强化专长；而容易紧张的小 B 通过反思演讲失误，选择参加辩论队系统提升表达能力。家长与教育者应充分运用生涯规划课程及标准化测评工具（如霍兰德职业兴趣测试），科学引导青少年完成自我探索。

3. 自尊和自信

建立健康的自尊和自信是个性发展的核心要素。自信的孩子能够客观评估自身能力，如小 C 虽然体育成绩欠佳，但在美术比赛中获奖后，清晰地认识到自己虽然不擅长跑步，但拥有突出的创造力。相反，缺乏自信的孩子往往陷入自我怀疑的困境，例如小 D 因一次考试失利被家长斥责为“愚笨”，导致长期逃避挑战，最终形成习得性无助的心理状态。青少年时期需要着重培养积极的自我认知，既要相信自身能力，又要学会在遭遇挫折和压力时保持心理韧性。家长和教育工作者应当注重运用过程性表扬（如“你的解题思路非常清晰有条理”），而非简单的结果性评价；同时，通过设计循序渐进的任务目标，帮助孩子累积成功体验，逐步建立稳固的成就感基础。

4. 兴趣和爱好

青少年通常会培养特定的兴趣和爱好。这些兴趣和爱好不仅有助于发展个人特长和技能，还能增强自我认知与满足感。有的青少年表现在学术兴趣方面，比如小 E 痴迷天文，用零花钱购买望远镜，每晚坚持记录星象；有的则展现在文艺方面，例如小 F 沉迷街舞，课余时间自学高难度动作。然而，部分青少年难以平衡兴趣与学业责任，常常因过度投入兴趣而耽误学习。家长和教育者应当提供资源支持（如社团活动、校外导师指导），同时帮助他们合理协调兴趣与责任的关系。

5. 社交适应

青少年需要学会适应各种社交环境，包括处理与家人、同龄人和教育者之间的关系。他们可能面临来自社交方面的挑战，需要学会应对人际冲突并建立健康的社交关系。由于社交适应能力的差异，有些青少年能通过参与集体活动快速融入群体——例如小 G 通过参加班级戏剧表演成功融入新集体，并学会主动打破僵局；而有些青少年则长期处于孤立状态，甚至因被排挤的心理压力而产生焦虑。

第二节 青少年心理问题的表现

青少年的心理问题表现多种多样，涵盖了学业方面的表现、性格与心理状态、生理变化、行为变化和功能影响等各个方面。通过深入研究这些表现，我们可以更全面地了解青少年内心的挣扎和需求，为他们提供更有针对性的支持和帮助。

一、学业方面的表现

1. 注意力不集中

青少年因心理问题导致的注意力不集中，在学业中主要表现为以下方面：

课堂表现：容易分心，难以集中注意力，易受外界干扰（如窗外的声响、同学的动作），导致频繁走神。常陷入个人思绪，无法跟上教师讲解，笔记记录困难，内容杂乱或遗漏重点。

作业完成情况：存在拖延现象，作业常拖延至最后时刻才开始，甚至无法完成；完成质量较差，错误率高且缺乏深度思考。在写作业过程中易被手机、电脑等外界事物吸引，难以保持专注。

考试表现：成绩波动大，某些科目成绩明显下滑；常因粗心犯错，如看错题目、漏答、未填答题卡等（例如，2012 年一名数学优势科目的学生因未填涂选择题答题卡而被迫复读）。部分学生考试时出现思维空白，或时间分配不合理导致题目未完成。

学习习惯：效率低下，虽投入大量时间但收效甚微；计划执行能力差，制定的学习计划难以坚持，易半途而废。

学习动力：对学习缺乏兴趣与内在驱动力，视其为负担。

注意力不集中是常见的心理问题表现之一，会显著降低学生的学习效率与记忆力，并引发学习过程中的混乱与困扰，最终严重损害其学业表现。

2. 学习动机缺乏

青少年学习动机缺乏主要表现在以下几个方面：

学习态度消极：对学习缺乏兴趣，不愿主动参与课堂活动，甚至不准备基本的学习资料；课堂参与度低，很少主动提问或参与讨论。上课时注意力不集中，常走神或做与学习无关的事情，认为学习枯燥，常表现出厌倦情绪。

学习目标模糊：没有明确的学习目标，缺乏方向感，对未来规划不清晰，导致学习动力不足。

学习习惯不佳：不按时完成作业，拖延现象严重；学习时容易分心，效率低下；成绩不稳定，甚至持续下降，对成绩好坏漠不关心。

逃避学习行为：经常找借口逃避学习，如装病或拖延；对考试和作业感到焦虑，倾向于选择逃避。

缺乏自我激励：需要外部压力才能学习，缺乏内在动力；对奖励或惩罚反应平淡，激励效果有限。

对学习价值质疑：认为学习对未来无帮助，质疑其意义。

情绪低落或焦虑：学习时情绪消极，容易沮丧或焦虑；面对困难时容易放弃，缺乏坚持。

社交活动优先：将更多时间用于社交或娱乐，忽视学习；在学习和娱乐之间倾向于选择后者。

3. 考试焦虑症

考试焦虑在青少年群体中普遍存在，其本身并非心理问题。对于青少年而言，学习是其主要任务，而考试成绩能够直接反映学习效果，适度的焦虑反而能产生正向激励作用。真正的心理问题在于过度焦虑。过度焦虑的典型表现包括：考前或考试期间出现极度紧张不安的情绪，考前失眠，考试时注意力涣散，大脑空白，导致无法发挥真实水平。这种状态会使正常的生理反应恶化成痛苦体验——例如适度的焦虑可能表现为轻微的呼吸急促、头晕或紧张，这都属于正常范围；但若出现窒息感、晕厥，或总感觉邻座考生在晃动桌椅干扰自己，不断暗示自己无法继续考试，继而出现明显的逃避行为，则属于过度焦虑的表现。

部分学生在学习过程中会表现出隐性逃避行为：他们在家或学校自习时对环境要求异常苛刻，必须保持绝对安静。比如在家自习时，会对楼道的脚步声或家人的正常走动产生强烈抵触；在校自习时，则对同学间正常的讨论或走动反应过度。此外，某些过度焦虑的家长和学生将中学阶段视为人生决定性时期，过度强调补充营养和保持精力，于是每晚摄入大量高热量食物，这不仅可能导致肥胖，还会影响睡眠质量和白天的学习状态。还有人为了提神而大量饮用咖啡、红牛等刺激性饮料，这些做法往往适得其反。

4. 厌学

厌学是青少年常见问题，也是令家长和老师最头痛的问题。厌学除了上述注意力不集中、学习动机缺乏等学业表现外，还包括经常请假或迟到，甚至试图逃课、逃学，甚至辍学。

厌学已成为当代青少年教育中不容忽视的严峻问题，其背后折射出的是青少年心理健康危机、教育体制困境以及社会价值观念的深层冲突。厌学在当代青少年中呈现出多样化、复杂化的行为表现谱系，从最初的消极应付逐渐发展为主动逃避，形成一系列具有警示意义的外显行为。

学业参与度降低往往是厌学最早出现的信号，表现为课堂注意力涣散、作业应付了事或长期拖延。这类学生虽然人在课堂，但心不在焉，常常表现出眼神游离、频繁走神或偷偷做与学习无关的事情。广州白云心理医院的临床数据显示，90%的厌学行为背后隐藏着亟待关注的心理问题。随着问题的发展，学生会逐渐减少学习投入，对考试成绩漠不关心，甚至出现故意不交作业、考试留白等被动反抗行为。逃避行为升级是问题恶化的明显标志，包括频繁请假（尤其是周一或考试前后）、迟到早退、编造身体不适（如头痛、腹痛）等。调查显示，近八成中小学生承认自己有厌学情绪，其中不乏老师家长眼中的“好学生”，这些学生常成为“间歇性病秧子”，一到考试就头疼脑热，找一切借口逃避测评。更严重者会出现课上睡觉，逃课去网吧或商场游荡，甚至数日不归家的行为。

情感与行为上的对抗反应也是常见表现，当家长或老师督促学习时，表现出强烈抵触情绪，如烦躁易怒、拒绝沟通或激烈争辩。部分学生会将“不想上学”挂在嘴边，成为日常口头禅，这种对抗可能进一步演变为对教师和家长的全面逆反，故意违反校规班纪，通过负面行为获取关注。

最严重的阶段是彻底拒绝上学，表现为长期闭门不出、昼夜颠倒、沉迷网络世界。这些学生常伴有抑郁症状，如情绪持续低落、自我封闭、兴趣丧失等。数据显示，60%以上的抑郁青少年会出现厌学行为，这不是简单的“叛逆”或“偷懒”，而是抑郁给大脑下的“强制关机指令”。值得注意的是，厌学行为在不同学生群体中可能呈现差异化特征。“好学生”群体的厌学更具隐蔽性，他们可能表面维持学业表现，但内心已极度疲惫和抗拒。当成绩出现波动时，这些学生更容易陷入“全或无”的极端思维——“考不到第一就是废物”“被老师批评等于人生失败”。而学业困难学生的厌学则更为外显，常伴随违纪行为和师生冲突。

二、性格与心理状态

1. 极端情绪

青少年极端情绪问题已经逐渐引发广泛关注。极端情绪表现为易怒、不讲理、偏激、傲慢和记仇等，这些情感不仅对其心理健康造成威胁，也对其社交关系产生负面影响。如我任教班级某学生，当班主任巡堂时发现他在偷偷玩手机，立即予以制止并带到办公室沟通，没想到其又哭又闹，情绪近乎崩溃。语文老师请该学生到办公室询问作业迟交一事，该学生竟躺地哭闹拒不配合。另有一例，某学生上学途中因堵车担心迟到，迁怒于司机并致其受伤。

2. 逆反心理

逆反心理的表现可以呈现多种形态，但通常涵盖以下特征：首先，具有逆反心理的学生往往倾向于挑战权威与规则。他们可能表现出对教师、家长等权威人士指导的抗拒，频繁抵触相关决策与要求。其次，情感波动显著是其常见表现。这类青少年易出现情绪剧烈起伏，时常陷入愤怒状态，这种不稳定性折射出其内心的矛盾与挣扎。再次，逆反心理常伴随冲动行为与冲突倾向。他们更易与同龄人或成年人产生摩擦，此类冲突性行为往往导致社交关系恶化及孤立感加剧。最后，逆反心理对学业发展具有显著负面影响。这类学生普遍对校规缺乏认同感，致使学业成绩下滑，学习问题日益凸显。例如某男生课间拒绝参与户外活动，待上课铃响却故意离班游荡，以此挑战班主任权威；居家时父母提及学习便情绪失控；在公共交通工具上屡次与人发生肢体冲突，需师长介入调解。

3. 异常敏感

青少年在承受繁重课业压力的同时，还需应对日趋复杂的社交环境。在此关键成长期，部分学生可能呈现过度敏感特质，对周遭事物产生非理性情绪反应，丧失情感调控能力。这种状态既令其自身深陷困扰，亦使家庭与教师倍感忧虑。

此阶段青少年，尤以部分女生为甚，易发展为敏感多疑型人格，对他人言行过度解读，常陷于悲伤沮丧情绪。他们觉得自己深陷情感漩涡，面对生活挫折束手无策，这种敏感特质不仅造成情感困扰，更可能影响学业，损害人际关系。尽管渴望掌控情绪，却往往难以挣脱情感桎梏。

4. 无意义感

众多青少年体验着生活乏味、学习枯燥及未来迷茫感。这种无意义感具体表现为：对日常事务漠然处之，丧失学习热忱，对未来发展缺乏信心。此类心理状态易引发学业退步、自尊受损，甚至诱发抑郁倾向。如早年我所带班级的学习委员（女）突然宣称弃学，持续两周拒听讲、不交作业、课堂昏睡。经深度访谈，其袒露心迹：“纵使饱读诗书终需面对日常生计，数学仅需掌握四则运算足矣。高中课业繁难耗时，实不知为何坚持。”

无意义感已成为青少年群体中普遍且严重的心理危机。当学业成就被异化为家庭与个体的唯一价值标杆，那些中小学阶段表现优异者，升入中学后若难续辉煌，往往陷入存在主义困境。对此现象，北大徐凯文副教授提出“空心病”概念——患者虽无典型抑郁症状，却深陷人生意义缺失的泥沼，“不知为何考大学”等迷茫感与抑郁症临床表现高度相似，致使众多休学求医者被误诊为抑郁症。

5. 自卑感

自卑作为常见心理状态，其外在表征包括：（1）社交回避：与人共处时局促不安，偏好独处。某学生坦言：“即便与母亲同处亦觉烦扰，唯求独享空间。”（2）评价敏感：因同学无心之语（如“此衣不称你”）长期介怀，甚至永久弃置该衣物。（3）自我否定：习惯性使用“我不行”等消极自我暗示。（4）情绪脆弱：常因琐事情绪失控，波动剧烈。（5）行为畏缩：课堂拒绝主动发言，被点名应答时声若蚊蝇。

内在表现则呈现：（1）缺陷聚焦：过度关注自身不足，忽视优势，形成全面自我否定。（2）失败恐惧：因畏难情绪拒绝尝试新事物（如竞选班委或参赛）。（3）主见缺失：盲目从众，怯于表达个人观点。（4）认可饥渴：为获认同不惜曲意逢迎，甚至自我牺牲。

自卑青少年普遍存在价值感与能力质疑，既忧心学业表现落后于人，又恐惧社交圈层排斥。当自觉难以满足家庭期待时，极易衍生系列心理困扰。

三、生理变化

1. 睡眠及食欲变化

青少年的心理问题不仅是情感挑战，更会显著影响生理健康，尤以睡眠和食欲变化为典型表征。这些生理紊乱常表现为失眠、暴食或厌食，严重危害青少年健康。学业压力、社交压力及情感困扰常导致失眠，表现为深夜反复思考课业、考试及未来规划，引发入睡困难或睡眠维持障碍。长期失眠可诱发疲劳综合征、注意力障碍及情绪失调，严重影响学业表现与生活质量。在我干预的案例中，所有存在心理问题的青少年均伴有睡眠障碍，部分呈现昼夜节律紊乱特征。某来访者自述夜间卧床时“脑内持续回放日间场景”，晨起后持续乏力；另一案例自述“连续40天失眠”，体重急剧下降至皮包骨状态。

2. 物质滥用

部分青少年采用逃避策略应对心理问题，导致吸烟、酗酒等物质滥用行为。这种自我治疗尝试往往形成恶性循环，加剧心理问题。青少年物质滥用多源于学业压力、人际冲突等心理困扰，通过物质刺激暂时缓解焦虑，但无法根本解决问题。如某晚在蛋糕店前我发现两名穿校服的女生昏迷倒地，作为教师立刻上前查看。经查看确认是醉酒，女生苏醒后仍瘫软在地无法起身。经持续沟通表明教师身份后，获知女生曾出入酒吧，最终联系家长安全移交。该事件凸显青少年物质滥用的高危性。

3. 躯体化反应

心理问题除引发生理变化外，常伴有显著躯体化症状。这类身体反应虽无器质病变，却持续出现头痛、头晕、胃疼、胸闷、心血管及呼吸系统功能异常等表征。如学生 A 考试时发作偏头痛并伴有注意障碍，学生 B 出现上学相关应激性腹痛及呕吐，学生 C 长期肩颈疼痛但医学检查未发现器质性病变，学生 D 公众演讲时心悸气促，学生 E 紧张性高血压伴眩晕，学生 F 焦虑性呼吸过速，学生 G 情绪性哮喘，学生 H 慢性疲劳综合征。这些症状具有客观生理基础，并非青少年主观臆造或刻意为之。

四、行为变化

1. 社交隔离

社交隔离在青少年群体中具有较高发生率，且与心理问题存在显著相关性。这类青少年常因内心困扰与情感动荡，既存在同伴关系疏离感，又难以建立深厚友谊，部分个体因情感创伤发展出人际信任障碍，进而诱发社交回避行为。其行为表征包括主动回避人际接触、系统性拒绝社交邀约、渐进式疏离亲友圈层。

社交隔离对青少年心理社会功能构成多维损害。该状态不仅加剧存在性孤独体验，更易诱发社会剥离感。持续的社会孤立可能继发焦虑障碍、抑郁障碍等共病风险。更重要的是，社交隔离阻断了社会支持系统的构建，使心理问题陷入“孤立—恶化—更孤立”的恶性循环。

临床观察显示，存在心理问题的青少年普遍呈现社交退缩特征：持续选择独处，家庭共处时仍显焦虑，回避师生互动，频繁寻求无人环境进行自我隔离。此类个体通常将物理隔离空间（如独立房间）视为安全区，通过沉浸式网络使用或过度阅读实现时间填充。重症患者往往出现拒学行为，最终导致学业中断，临床诊断多符合社交焦虑障碍标准。

2. 争吵和争执

心理问题可能导致青少年更容易与同学或老师产生争吵和争执。这种冲突可能在多个层面和场合发生，包括课堂上、校园内，甚至在家庭中。争吵和争执对青少年的学习和社交环境都会带来负面影响，加剧紧张和焦虑情绪，阻碍他们的个人成长。

争吵和争执的表现可以多种多样。首先，青少年可能因情感不稳定或情绪问题而表现出易怒和冲动的特征。他们可能在小事上就产生过激的反应，对同学或老师的话语或行为感到愤怒。这种情绪反应可能会导致口头争吵甚至肢体冲突。其次，他们可能对他人的看法产生偏见，难以容忍不同意见或观点。这种偏见可能导致争吵和冲突的升级，使问题变得更加复杂。最后，青少年可能因社交挫折或失败而感到挫败和愤怒，将这些情感发泄到争吵和争执中。社交挫折或失败包括与同学之间的不正当竞争、成绩不如意或对老师的不满等。争吵和争执通常都是情绪问题的外在表现，反映了内在困扰和不满。现在不少青少年的家长和老师聊天时经常聊及孩子在家无法沟通，父母都开不了口，自己来校和老师交流也是背着孩子，希望老师不要告诉孩子自己来校找过老师，否则回家会大吵大闹，不得安宁。甚至有的孩子在家和父母打架，在校和老师大吵大闹。

如老师在课堂上讲解社会主义市场经济的按劳分配特点时，学生陈某站起来质疑老师："收入分配根本不平等，明显存在剥削。"接着，他反问老师（本科毕业工作两年）："老师，你这个年龄的人买得起房吗？"老师试图回答他的问题，但陈某不断追问，以至于老师无法回应。最终，陈某当着全班同学的面指责老师，声称老师不能回答好学生的问题，要求老师回办公室再备课。

3. 冲突与暴力

一些青少年可能因情绪问题而更容易与同学产生冲突，甚至表现出暴力倾向。这种情况可能导致学校内的紧张局势，对教育环境产生负面影响。这些青少年可能因内心的不满和愤怒而爆发，对同学或老师产生暴力行为，对他人和自己造成伤害。这不仅破坏了社交关系，还对学校的安全和秩序构成威胁。有媒体报道，某孩子杀死自己的母亲，某孩子残暴打死自己的老师。我都不信。后来我见证过一次学生的残暴行为。当班主任没收某学生的手机后，这个身材高大的学生，搬起自己坐的椅子，追出教室，用椅子朝班主任头上猛劈，班主任顿时血流不止。如不是他的同学抱住了他，制止了这个残暴的行为，班主任肯定会一命呜呼。

4. 手机成瘾和网络成瘾

手机成瘾是指一个人对手机过于依赖，无法摆脱的一种状态。网络成瘾是指一个人对互联网或者说是网络上某种特定内容过于依赖，无法摆脱的一种状态。

随着科技的进步，手机与网络渐渐融入青少年的日常生活中，为学生与父母联系以及查找学习资料带来了便利，同时也给青少年带来了一些负面影响。随着智能手机的普及，手机游戏已经成为部分青少年生活中不可或缺的一部分。然而，手机游戏对青少年的心理健康也产生了一定的影响。手机游戏的刺激性和可玩性很强，容易让青少年沉迷其中，形成游戏成瘾。此外，游戏成瘾还会导致青少年的情绪波动较大，容易出现焦虑、抑郁等心理问题。

手机游戏的便捷性和趣味性，让青少年愿意在家里玩游戏，而不愿意出去和同龄人交往。这样会导致孩子们的社交能力下降，缺乏与人沟通的机会，进而影响青少年的心理健康。

除了手机游戏以外，网络小说、短视频等的吸引力也很大，青少年很容易沉迷其中，导致学习时间减少，学习成绩下降。有心理问题的青少年，由于缺乏自信和安全感，或者为了解决学习生活过程中的孤独问题，会频繁使用手机来达到自我安慰的效果。手机成瘾和网络成瘾，不仅对青少年的眼睛、颈椎、手指等会造成不同程度的损害，同时会让他们失去及时沟通的能力，缺乏面对面交流的技巧，加剧孤独感，同时侵占学习时间，影响睡眠和学习效率。

五、生活自理能力下降

自理能力下降严重影响青少年的生活，包括饮食、个人卫生和睡眠等。对于一些受心理问题困扰的青少年来说，他们可能无法有效地管理自己的日常生活，不规律进食，或者倾向于食用不健康的食物，如快餐和高糖食品。这种饮食行为不仅可能导致身体健康问题，还可能影响他们的情绪和能量水平，进而影响学业。此外，心理问题还可能导致青少年失去对个人卫生的关注。他们可能会忽视洗漱、清洁和维护个人卫生的重要性，这可能会导致身体卫生问题，如皮肤感染或口腔健康问题。这些问题不仅影响学生的身体健康，还可能影响他们的社交关系和自尊心。例如，我曾经帮助过的一个男生，父亲为行政官员，母亲身材矮小，为家庭主妇，父母关系一直不和。这个男生长年受家庭不和影响，在初二时出现了明显的心理问题。进入初三，见身边的同学都长高了，连多数女生都比自己高，自卑心理进一步加剧。孩子识记能力较强，但逻辑思维和空间思维能力较弱，高一第一学期成绩还不错，能在学业上找到自信，但随着学习内容的广度和深度增加，试题难度加大，成绩每况愈下，该男生出现了严重的心理问题，破罐子破摔，变得不修边幅，胡子拉碴，头发油光发亮，即使夏天也懒得洗澡，身上气味很重，遭到同班同学嫌弃，都不愿意和他同桌，也不愿和他一起参与小组活动，让家长和老师很为难。

六、严重的心理问题

1. 抑郁

当青少年出现情绪低落、郁郁寡欢等不良情绪时，如果没得到及时排解，很可能会发展成抑郁症。流行病学调查结果显示，青少年患抑郁症的人数在逐年增加，并逐渐低龄化。

2. 自伤行为/自杀

自伤行为的医学名称是“非自杀性自伤行为”，是指在没有自杀意图的情况下，直接、故意、反复伤害自己身体的一系列不被社会文化所认可的行为。自残是青少年遇到自己无法解决的困难时的一些行为表现。通常来说，割伤皮肤是最常见的自伤形式之一。自伤可以发生在身体任何部位，最常见的是手腕、腹部和大腿，严重程度可能从表面创伤到永久性外表损伤。长年有自伤行为的青少年，如果没有人为他（她）疗伤，也许某一天某件事就会让他千疮百孔的内心世界崩塌殆尽，成为压垮他（她）的最后一根稻草，这时可能的结果就是自杀了。

第三节 青少年心理问题的成因

当谈及青少年心理问题时，我们往往关注表面现象，如自私狭隘、不懂感恩、厌学、焦虑、抑郁等，而很少深入研究这些问题的成因。然而真正能帮到他们的是要全面理解青少年产生心理问题的背后的原因，我们才能真的理解他们。理解问题的本质，才能为制定针对性的措施和策略提供依据，以改善青少年的心理健康状况。我们的目标是为青少年提供更好的心理支持和教育资源，以帮助他们应对心理健康挑战。通过深入了解问题的根源，我们可以更好地引导教育工作者、家长和青少年本人，共同努力为青少年的心理健康创造积极的变革。本节从家庭、学校、社会和个人因素，来分析青少年心理问题的成因。

一、家庭因素

家庭是以一种血缘为基础，具有情感纽带的社会单元，家长是指父母或其他监护人。家庭是孩子成长路上不可或缺的重要因素。有一部老电影叫《青松岭》，两个年轻人想学赶车的技术，有一天就偷偷赶着生产大队的马车出去练习，在经过一棵歪脖子老树下时，马突然惊恐狂奔，差点闹出人命。后来，大家发现马每次走到歪脖子老树下就发狂，觉得有猫腻，就开始调查。原来是一个车把式故意使坏，以前走到这儿就抽马，后来马一见到这棵树就惊恐不安，必须抽三鞭子才能制服，别人不知道这是他驯马的诡计，以为只有他能驾驭这些马，他就能长期把持这驾马车。原来马不是无缘无故受惊的，而是有原因的，只是这个原因不在眼前，在于过去的经历。人也一样，问题往往不是出现在眼前，而是源于过去。青少年的问题基本上可以在他早年的经历中找到影子。

家庭因素不仅影响孩子的学习成绩，更深远地影响孩子的性格形成、情感发展和社会适应能力。在这个过程中，家长的角色尤为关键。泰曼·约翰逊的观点进一步强化了家庭教育的重要性，他指出，成功的家教造就成功的孩子，失败的家教造就失败的孩子。这一观点深刻揭示了家庭教育对孩子成长的重要影响。父母的教育方式、对孩子的期望和支持程度，都直接影响着孩子的自我认知、自信心以及面对挑战的能力。我将从家庭教育氛围、家长的教育理念、家长的参与度、家长的素养、婚姻关系稳定性、家长的教育方式、家庭经济状况等几个方面来叙述家庭对青少年的心理健康状况的影响。

1. 家庭教育氛围

家庭氛围包括家长的文化素养、行为习惯、生活态度、思想境界以及性格气质等。因此，建立和谐、愉快、整洁、有序、完好的家庭氛围是保证孩子健康成长的有效途径。当孩子一生下来，家庭氛围就潜移默化地影响着孩子，父母对孩子及他人的情感表达方式，包括语气、表情及忠诚度，都直接影响孩子的成长，特别是影响到孩子的各种角色扮演。孩子会依据父母的角色来确认人与人之间的各种关系应该是一种什么样的状态，应该是一种什么样的情感，应该用一种什么情绪去表达，等等。家庭氛围最终会影响到孩子将来走向社会的行为模式和人际交往模式，即如何在社会当中去处理各种关系。一个支持和鼓励的家庭环境可以帮助孩子建立自信，培养积极的人生观和价值观。相反，过度批评和否定会导致孩子自尊心受损，产生消极的自我形象。这意味着父母应当更注重培养孩子的品格与人格，而非仅仅关注学业成绩。一个经常表达积极情感、鼓励探索和自我表达的家庭环境，可以培养孩子的自信心和社交能力。相反，一个充满负面情绪、过度控制和批评的家庭环境，则可能导致孩子产生焦虑、自卑等负面心理。

父母为人严肃，神色凝重，孩子对父母往往敬而远之，有烦恼宁愿放在心里，不敢和父母交流。将来孩子在社会群体中的表现会偏冷漠，少朋友。家长和蔼可亲为人谦和包容，孩子也会是一个温暖快乐的人，在社会群体中能与人和谐相处。父母双方经常吵架，这类家庭的孩子日子很不好过，时刻要提防“战争爆发”，在这种氛围下长大的孩子或胆小退缩，或攻击好斗，极易酿成心理疾病。

父母与子女相亲相爱，互相尊重。家庭生活动静相宜、严谨有序，父母和子女有充分的思想和情感交流，这种家庭培养出来的孩子开朗、自信，心态积极、思维开拓。作为父母，我们该为孩子营造一种良好的家庭氛围。

2. 家长的教育理念

理念是人们经过长期理性思考及实践形成的思想观念。家长是把孩子的身心健康放在首位，还是过分侧重学习成绩，这点很重要。我经常在各种场合听到家长谈及孩子成长的问题，不幸的是绝大多数家长都是为孩子某科考了优异成绩或总分年级排名靠前而欣慰，或是因没有达到家长心理的期望而忧伤，探讨的是孩子报了几个补习班，打听哪个老师上的课能明显提高成绩。有的孩子可以说没有周末，只是换了一个地方上课而已。教育学家蔡元培曾强调："决定孩子一生的不是学习成绩，而是健全的人格修养。"这意味着，家长在培养孩子的过程中，不应仅仅关注成绩，更应关注孩子的性格、兴趣和情感发展。不然，家长对教育的误解可能会直接导致不良后果。这种过分强调学习成绩，而忽视对孩子人格的培养和情感的关怀的教育理念不仅会抑制孩子的个性发展，还可能导致孩子出现心理问题。

3. 家长的参与度

不少家长认为，一旦孩子进入学校，教育就完全交由学校负责，自己的角色就可以淡出。这种观念忽视了家长参与的重要性。孩子的学习不仅限于校园，家长是他们的第一任老师，也是最重要的引路人。家长的参与不仅能提供孩子学习上的支持，而且对孩子心理发展的影响同样不容忽视。家长在参与孩子的成长的过程中表现出的态度、行为习惯和情感表达都会对孩子产生直接或间接的影响。家长这个角色在孩子成长的路上是谁也替代不了的。家庭教育不可替代。学校教育注重知识的传授和思维能力的培养，而家庭教育更多地涉及情感培养、价值观的形成和生活技能的学习。教育部原部长陈宝生曾指出，家庭教育不到位，不仅会抵消学校教育的效果，还会给孩子发展造成一定的消极影响。这说明家庭教育的缺失和偏差对孩子的成长有着不可忽视的负面影响。

家长如果忽视对孩子的关注与指导，其后果是严重的。当家长对孩子的生活和学习关注很少时，孩子可能会感到被忽视和不重要，这会影响他们的自尊心和自信心。等到孩子出现问题，家长想要介入时，往往已经晚了，因为他们已经失去了与孩子沟通的桥梁。不少家长年轻时忙于经商或忙于工作，等人到中年，成绩丰厚、富足有余或仕途正盛，猛然意识到关注培养孩子应该是人生重中之重，而自己走不进孩子的内心，教育已无计可施。曾有不少家长在我面前感叹："我什么苦都能吃，单位里面上下关系都能打理好，唯独孩子的教育咋就这么难呢?"问题的根源应该还是在孩子成长过程中家长参与太少，过去和孩子的沟通太少。

4. 家长的素养

家长的素养包括性格修养、科学素养、心理素养等。谚语有云："有其父必有其子。"如果是有爱心、耐心、包容心、责任心的家长陪伴长大的孩子，一般都是豁达开朗、阳光自信。而简单粗暴甚至酗酒的家长会给孩子的身心带来严重的伤害。一般孩子表现为恐惧、自卑、懦弱或以暴制暴，甚至对未来婚姻担忧而不愿结婚生子。

家长应该具备科学素养，了解最新的科学知识和教育理念，为孩子提供更加科学和有效的教育和指导。

家长应该具备良好的心理素养，能够应对各种复杂的心理问题和挑战，为孩子提供稳定和可靠的心理支持。

家长应该讲卫生。一个班级总有那么一到两个孩子，经常头发油腻，衣服到处有污渍，身上散发一股难闻的气味，这样的孩子有不少来自离异家庭，很少有人教他做好个人卫生。或者父母也不讲卫生，受父母潜移默化的影响，孩子也会变得不讲卫生。邋里邋遢的父母，永远也养不出穿着得体、品位高雅、热爱生活的孩子。

家长应该向善感恩。希望我们的后代向善感恩，父母必须身体力行，起到示范作用。

5. 婚姻关系稳定性

婚姻关系稳定性是指夫妻关系的持续时间和亲密程度的稳定性。在儿童及青少年成长过程中，父母的婚姻稳定性对他们的成长和发展有重要的影响。稳定的婚姻关系能够平稳地传递积极的家庭价值观和家庭氛围，可以帮助孩子培养稳定的情感和行为模式。而不稳定的婚姻不仅不能给孩子营造具有归属感和安全感的成长环境，还可能会给孩子带来负面情感和社交行为问题。因此，婚姻稳定性对于青少年心理问题的发生和预防具有十分重要的影响。

根据我多年观察，青少年心理问题的成因中，至少70%与家庭环境不稳定有关。在孩子的成长过程中，父母双方的爱是缺一不可的。缺失一方的爱，孩子会感到无助和失落，会感到被抛弃。尤其是父母再重组家庭时，他们的这种不安全感更为明显。父母离婚前的争吵，甚至打架或冷战，可能持续相当长一段时间。这期间，处于青春期的孩子表现为焦虑、沮丧、无助。孩子会为自己生在这样的家庭，遇上这样的父母而感到羞耻而不自信，长年的情绪和心理压力可能导致一些偏执行为。父母离婚后，单亲父母很难给孩子完整家庭的温暖，孩子会觉得少了一方的爱而失落。如果父母双方再婚，再育小宝，精力上很难顾及前一个孩子，孩子会觉得自己成了孤雁，找不到安全感和归属感。一个在高二时就有严重心理问题的孩子告诉我，大晚上的，听到父母吵架，只能塞耳塞，躲进被窝里，但还是睡不着。后来父母离婚了，她跟了爸爸。不久父母又各自组建了自己的家庭，每当夜深人静，看到姨在抱着弟弟睡觉时，自己就特别想妈妈，没办法只能用针扎自己的腿、手，让疼痛来阻止自己的想念。进入高二时，她的心理问题表现出明显的躯体反应，终日身体痛，耳朵疼、肚子疼、腿疼，感觉到自己的血液里有一根针在流动，流到哪里，哪里就很疼。进入高中后，亲生母亲来照顾，带她看了许多名医，就是查不到问题。同时单亲家庭中长大的孩子部分表现出自卑和胆怯，孩子可能会对自己的未来感到困惑和不安，不知道该如何面对生活的挑战。另一部分孩子则会表现出顽劣不懂事，性格怪异不服管教。总之，父母离异会对孩子造成巨大的心理和情感上的困扰。特别是那些深陷婚姻失败怨恨中的家长，无论是亲属还是父母一方，若经常在孩子面前贬损另一方，将严重影响孩子的心理发展。由于缺乏判断能力，孩子会不自觉地接受这些负面评价，进而加深对另一方的怨恨。这种既渴望父母之爱又被迫憎恨的矛盾心理，其痛苦程度远超成人想象。这类孩子往往难以重建对他人的信任与爱心。有一个学生，她从母亲和外婆的一次聊天中知道了父母离婚的原因，是父亲重男轻女。她认为自己为女儿身就是得不到父爱的原因，于是奋发读书，争取好成绩，向爷爷、奶奶和父亲证明女孩不比男孩差。随着年龄的增长，她觉得她成绩优秀也没能赢回父爱，就开始怀疑读书是否有用，就失去了学习热情和内生动力，在学习中迷失了自我。随着高中学习难度增加，她的成绩不断退步，没坚持到高二就不得不辍学在家。

6. 家长的教育方式

家长的教育方式有几个极端：过度赏识、过度心理控制以及过度溺爱。

过度赏识，是受“孩子是夸出来的”的观念影响，经常听到家长夸孩子“你是最棒的、最优秀的”“你真漂亮”。适当的夸奖有利于培养孩子的自信心和积极心态，但过度赏识易使孩子形成自我中心的价值观，认为自身优于他人且无需顾及他人感受。这导致孩子在学习和生活中难以接受批评与建议，排斥家长或教师对他人进行表扬，仅关注自身优势与他人不足。遭遇挫折时，往往归咎于外界因素而非自我反思，缺乏包容开放的心态，表现出极端利己主义倾向，性格偏执甚至存在偏执型人格障碍风险。例如我校组织高一学生开展研学活动后，班主任于次周一的班会课组织主题分享会。当同学们踊跃交流活动体验时，某女生全程埋头完成作业。班主任在总结表彰活动中对展现生活自理能力、烹饪技能及团队协作意识的同学予以表扬时，该女生突然打断班主任发言并质问："老师为何忽视拾柴同学？又为何无视游手好闲、坐享其成的同学？"由于该女生在活动中表现消极，班主任既未表扬也未批评。该女生通过质问的方式，流露出对自身参与的拾柴行为未能获得预期认可的失落感。我的一个容貌出众的女学生，自幼她的家人及社交圈便持续强调其外貌优势，逐渐形成"美貌至上"的认知定式。这种现象并非个例，而是特定女生群体的典型表现。进入中学阶段后，她们对容貌、发型及服饰的关注度显著提升——即便学业繁重仍坚持每日晨间洗发，痴迷妆容修饰并随身携带化妆镜，课堂内外频繁整理仪容。青春期注重外表虽属正常，但过度投入将挤占休息时间，引发迟到、学习分心及效率低下等问题，进而导致师生、亲子关系紧张。若缺乏有效引导策略，更易升级为激烈冲突。

心理控制是指父母通过情感操纵（如内疚诱导、撤回关爱、过度干涉）等方式，限制子女的自主性和心理独立，阻碍其个性化发展的消极教养行为。在探讨父母心理控制与孩子学习成绩的关系时，我们发现这种控制方式对孩子的心理和学业有着深远的影响。父母的心理控制，如过度的期望和严格的规范，往往在不经意间塑造了孩子的世界观和自我认知。例如，当父母过分强调成绩，孩子可能会逐渐失去自我驱动的学习动力，转而依赖于外部的评价和认可。这种依赖性可能导致孩子在面对学习挑战时缺乏应对和调整的能力，从而影响学习成绩。

父母的心理控制，尤其是那些过于严格或充满批评的行为，可能会无形中破坏孩子面对挑战时的内在韧性。例如，当孩子因为父母的严格要求而感到压力重重时，他们可能在遇到难题时更容易放弃，而不是积极寻找解决方案。父母对孩子的期望本是出于爱，但过高或不切实际的期望可能会成为孩子的负担。当孩子感觉自己无法达到父母的期望时，可能会产生自我怀疑和挫败感，这些负面情绪会直接影响他们的学习动力和效率。相反，合理的期望和鼓励可以激发孩子的内在动力，帮助他们在学习中取得更好的成绩。例如，当父母理解并支持孩子的学习兴趣，而不是单纯追求成绩时，孩子往往能展现出更好的学习态度和成绩。

很多研究和现实生活中的事例都印证了这一观点。曾有研究发现，当孩子在学校表现不佳时，父母对孩子的心理控制就会越强。这种心理控制通常表现为过度的期望和严格的要求。然而，这种方式往往适得其反，容易让孩子产生反感的厌学情绪，不利于学习的投入，甚至可能给孩子的成长带来负面影响。这一研究通过实际的数据表明了父母心理控制与学业成绩之间的负面关联。

案例

我班上的一女孩，读小学时，父亲对她写字的标准非常严格，写完后，父亲会用尺子去度量是否方正，对成绩要求也非百分不可，言行举止都有近乎完美的要求。进初中时，父母认为进入大城市学习更利于孩子的前途，就把女儿送进长沙亲伯伯（伯父伯母都是高学历的知识分子）家居住，来长沙插班上学。父母在四川的一个小镇忙于打理生意，也很少来长沙陪伴女儿，也很少通过网络与女儿沟通。乖乖女在初中还能让严父满意。进入高中后，随着成绩不断退步，父母对孩子的心理控制不断强化。父母不停地抱怨自己多么辛苦，省吃俭用，供养她来省城读书，而孩子长期缺乏和父母的沟通又无法向他人倾诉而只得扛着。父母的这种长期的心理控制抑制了孩子面对挑战时的内在韧性和积极的心态，使她长期陷入困境不能自拔，最终深度抑郁而不得不放弃学业。

这个案例表明，当父母设定过高的发展期望，过度干预子女的成长路径，并抑制其自主兴趣探索时，子女可能因长期目标压力与自我效能感缺失，出现抑郁或焦虑等内化问题行为。

在家庭教育中，错误的溺爱方式包括两种类型，一种是包办型溺爱，一种是放纵型溺爱。这两种方式都属于不当的关爱方式，对孩子性格的形成都非常不利。包办型溺爱的父母勤劳肯干，通过自己的努力奋斗，有的高官厚禄，有的腰缠万贯。他们爱子如命，处处呵护，事事顺从。对孩子的生活或是未来的事业，父母都依据他们自己的经验做了精细的规划。动画电影《哪吒之魔童闹海》中龙王太子敖丙，在与哪吒联手击败无量仙翁之前就是在这种父母精细规划的家庭中成长的。父亲敖光殚精竭虑地为儿子铺路，希望儿子受最少的罪，享受最好的荣光。敖光就是中国大部分父母的缩影，尽己所能为孩子扫除一切障碍，为孩子遮风挡雨，但同时他们也剥夺了孩子自由探索成长的机会，因为他们只知道“这是为你好”，却不曾真正走进孩子的心里，看他想要什么。在敖丙与哪吒联手击败无量仙翁的阴谋后，敖光才真正了解孩子内心的想法，劫后余生的他也终于懂得了放手，他的那段话让很多人动容：“父王只想用自己的经验为你谋个幸福，但现在看来，父辈的经验毕竟是过往，未必全对，你的路还需你去闯，今后忠于自己内心的选择吧。”

在包办型溺爱的家庭，自孩子一出生，有的母亲就成了全职妈妈，或者请了专职保姆，多人对孩子进行细致的照顾。他们把孩子的衣食住行按照自己的想法安排得特别妥当。对孩子来说，他们就是孩子的手脚，孩子就变成了饭来张口、衣来伸手的少爷小姐。孩子依赖心理强，缺乏基本的生活能力和交往能力，无法独立处事。这类型的孩子在就读高年级时，离开父母或保姆的照顾，有的就会成为不爱洗头洗澡换衣服的懒孩子，经常会遭到同桌的嫌弃和同学们的排斥，极有可能诱发或加重心理问题。有的就会成为只读书而无生活能力的书虫。

案例

早些年，我送完一届高三，接手高二的一个文科班，班里有个男孩，是班上成绩最好的孩子，理所当然当上了学习委员。他也是班上难得的真的想读书的，进入高二后，一定要考上某大学的目标越发坚定。作为学习委员的他，面对班级同学不爱学习、上课吵闹、玩游戏的现象，他不是去思考如何协助老师解决班级课堂纪律问题，而是向父母提出转学的要求，他认为在这样的班级无法安心学习。后来他上大学了，遇到生活方面的问题，如怎么洗衣服，怎么保管生活费，如何和同学相处，恋爱了怎么办，失恋了又该如何，都打电话问我，可以说我又担任了他四年的生活老师。

尤加利说过：“父母能放下护孩子周全的执念，放手让他们去探索未知的路，这既是孩子的幸运，也是父母的成长。”尤加利的话语蕴含着深刻的智慧，它触及了亲子关系中的一个核心议题：父母如何在爱与放手之间找到平衡。孩子如同初生的嫩芽，需要阳光和雨露的滋养，也需要风雨的磨砺，才能茁壮成长。父母的庇护固然温暖，但过度的保护可能会成为束缚孩子成长的枷锁。

放手让孩子去探索未知的路，意味着父母要克服内心的恐惧与不安，信任孩子有能力面对挑战，从失败中学习，在挫折中坚强。这种放手不是放任，而是在适当的引导和支持下，给予孩子自由成长的空间。

对于孩子而言，能够拥有探索世界的自由，是一种幸运。他们将在实践中学会独立思考，培养解决问题的能力，形成自己的判断和价值观。这些经历将成为他们宝贵的财富，塑造他们成为自信、自立的人。对于父母而言，放手是一种成长。它要求父母不断地自我反思，学会尊重孩子的个性和选择，理解爱不仅仅是守护，更是支持和鼓励。在这个过程中，父母也在不断地学习和进步，与孩子共同成长。

放纵型溺爱主要指在家庭教育中父母对孩子过度宽容、缺乏规则约束的教养方式，也可指个人行为上不加自我约束的状态。放纵型溺爱的父母，把家庭的最高权力转交给了孩子，让孩子形成了一种高高在上的心理，他会觉得所有人都应该听从他的指挥，为他服务，所以孩子常常会变得非常任性，非常自我，说话办事蛮横无理，从来不会考虑是否会给他人带来困扰，缺乏感恩之心和同理心。如果过度溺爱，孩子们轻易得到了他们想要的一切，而不需要为之付出努力，他们在成长过程中就会对世界产生不现实的期望，如学习成绩、生活水平、未来职业等。他们不愿付出，没有形成吃苦耐劳、艰苦奋斗的作风，遇到挫折只会手足无措，因为他们从来没有通过努力和毅力赢得回报的经历。这种父母给的特权在学习、人际交往、事业方面不复存在或鞭长莫及时，这些孩子可能会变得一筹莫展而大大影响他们的社交和学业。这是当前青少年甚至大学生心理问题的重要诱因之一。

7. 家庭经济状况

经济问题是许多家庭面临的一个普遍问题，而青少年往往会受到这个问题的影响，从而面临各种挑战和压力。下文将探讨经济问题对青少年的影响，并提出一些缓解这种压力的方法。

首先，家庭经济状况紧张可能导致青少年感受到极大的压力。他们可能会为家庭经济情况感到担忧。他们可能认为自己有责任帮助改善家庭经济状况，尤其是当他们看到父母为了生计而辛勤工作时。这种责任感可能让他们感到沉重，因为他们渴望能够减轻家庭的负担。这种情况一般在县级农村高中的学生身上尤为明显。父母身体力行辛苦劳作，潜移默化影响着孩子，孩子打小能吃苦，读书用功，能考上高中，甚至在县城最好的高中就读。随着年龄增长，他们更加乖巧懂事，体恤父母辛苦，有的放弃了读高中或读大学的机会，不放弃读书的孩子不敢开口问父母要钱，自己在生活上表现出过于节俭，导致营养不良，影响生活和学习。同时孩子的自卑会影响其与同学交往，进一步加重心理负担。如果长期没有得到帮助和压力的释放极易诱发心理问题。我在农村县级高中工作十年，在县城高中工作六年，所接触的这类孩子真的不少。在省城高中工作二十二年，虽然省城高中的家庭贫困的孩子没有农村中学多，但也不少，有的是家庭变故导致的贫困。这类孩子没有勇气向教育工作者请求帮助，碍于面子甚至连国家的助学帮助也不愿申报，靠自己硬扛。教育工作者必须细心、用心、贴心才能了解他们，走进他们的内心，给予他们帮助。

其次，由于经济条件限制，青少年可能无法获得与其他同龄人相当的教育资源和休闲活动机会。他们可能无法参与学校组织的校外活动，难以报名各类培训班或夏令营，这些缺失可能影响其社交能力培养与学业发展进程。此类资源不平等易引发相对剥夺感，加剧青少年的心理压力。这种状况集中体现于就读城市中学的贫困学生群体，这些孩子往往具有强烈自尊心，不愿向师生透露家庭实情，每逢班级活动缴费或课外服务收费时便陷入窘境，常以请假回避集体活动，主动放弃课外培训参与机会。然而这并非其真实意愿，实际上他们比同龄人更渴望通过活动拓宽视野，借助辅导提升能力，期待早日实现经济独立，却不得不选择隐忍妥协。

再次，家庭经济困境还可能侵蚀家庭情感氛围与成员关系。据观察，部分学生因父母一方不堪贫困压力离弃家庭，使子女承受经济拮据与亲情缺失的双重打击。长期经济压力易导致父母持续焦虑，此类负面情绪通过日常互动传导至子女。在此环境下成长的青少年普遍存在安全感和稳定感缺失，持续的心理负荷可能诱发注意力障碍、情绪失控等行为问题，严重者甚至出现攻击性倾向或自我封闭表现。

最后，当家庭经济状况不佳时，青少年可能会因为无法与同龄人在物质层面上保持一致而感到自卑或羞愧。他们可能会感到自己与其他人不同，这可能导致社交隔离和孤立感。这种感觉可能导致他们在社交活动中感到不适应，甚至可能会引发自卑心理及不良行为。

案例

我曾了解过这样一个事情。有一天，上完体育课回到教室，一个同学发现自己夹在书中的400元现金不见了。我压根没想到会是一个品学兼优的学生拿走了这笔钱。事情发生后，经过和学生的深入沟通，才知道事情的原委。学校最近要开运动会，该学生是班上得力的运动员，有多个项目要参加。自己那双鞋子有点小了，又不是品牌，且他暗恋的女孩经常会去看他比赛，所以他做梦都想有一双品牌运动鞋。他关注过鞋子的价格，对于他的家庭来说就是天价。那天上体育课，大家都走了，他去邻桌同学桌子上找平常借用过的复习资料，资料没找到，却看见了400元现金，就想着拿钱去买运动鞋。事后他后悔不已。

在校期间，校方要求学生穿校服，孩子们在物质方面比比高下的就是鞋子。对于这个年龄段的孩子，尤其对于有心理问题的孩子来说，就会比较敏感。2024年春节期间，我和工作了近10年的儿子探讨青少年心理问题时，问了一句，孩子你中学时应该没有什么心理问题吧？他说，妈妈，其实每个孩子在特定的时期都有一定的心理问题，考验的是小孩自己的调适能力。他接着告诉我，高中时期，他天天穿着安踏的运动鞋，本来没什么的，但在上体育课和课间操时，老是被同学问，怎么老穿这双鞋呢？心里虽然不好受，但是不想向父母提要求，只得诙谐地给予答复——我是勤俭节约的好孩子。

经济问题给青少年带来困扰的现象在农村中学较多见，但在城市中学中也不能忽视。教育者要特别关注这些学生。

综上所述，家庭环境对孩子的影响是全方位的。从心理发展到行为表现，从社交能力到思维模式，家庭的每一个细节都在塑造着孩子的未来。因此，作为父母和教育者，我们需要更加深刻地理解和尊重这种影响力，用爱、理解和适当的引导，帮助孩子们健康成长，成为能够自信面对生活的人。

二、学校因素

学校因素对学生心理健康的影响是复杂而深远的。学校是青少年成长的重要场所。在中学阶段，走读学生在校时间长达十几个小时，寄宿生更是全日在校。学生在学校里学习、交友、参与活动，其心理健康长期受到学校的办学理念、教师素养、校风班风等影响。

1. 学校的办学理念

教育兴则国兴，教育是国家的根本，是国家发展的基石。一个国家的教育水平决定了它的综合实力和竞争力。学校作为教育的主阵地，学校的办学理念必须是德智体美劳全面发展，德育优先，尊重学生的个体差异，开展个性化的教育。片面追求升学率，只注重高考成绩而忽视学生的个性全面发展易造成教育的荒废。在传统的教育观念中，学习成绩往往被视为衡量学生能力和未来成功的主要标准。这种观念导致学生往往过分关注分数和排名，而忽视了个人兴趣、特长培养和成人的教育。高考的竞争性和重要性使得许多学生从小就承受着巨大的学业压力。长时间的学习和高强度的课程安排，使得一些学生可能会感到筋疲力尽。在这种环境下，学生的心理健康问题逐渐凸显，包括焦虑、抑郁和睡眠障碍等。这些问题不仅影响学生的学习效率，也影响他们的日常生活和身心健康。

学校办学价值导向，如果过于功利化和精英化，非精英学生会觉得学习没希望导致意义感缺失。过于功利化势必加长学习时间，挤占学生艺体课时间，限制了学生自主发展空间。这种以成绩为导向的教育模式，虽然在某种程度上能够有效提升学术水平，但同时也可能忽略学生个性化需求的重要性，易引发群体性焦虑，削弱学生内在学习动机，从而对他们的心理健康和个人成长带来潜在的负面影响。

教育教学工作者经常能看到这样的现象：远观一群学生，他们活蹦乱跳、无拘无束，但一旦靠近他们，他们就会一反常态，保持缄默。这种现象反映出，当今多数教师的教育手段都是依据各类规章制度制定对应各类班规班纪，试图用制度的条框控制学生的言行，要求学生绝对服从，不敢越雷池一步。长此以往，学生逐渐丧失了自主发展的活力与天然活泼的个性，变得胆怯、懦弱、内向且孤独。这不仅削弱了他们的创造精神与自主能力，也使其难以获得成功的体验，进而加重自卑与依赖心理。

个性化教育的缺失不仅限制了学生潜能的发挥，还可能导致自我价值感的降低。例如，一个对文学有着浓厚兴趣的学生，如果被迫长时间专注于理科学习，可能会感到挫败和不满，这种情绪的积累对心理健康是一种隐形的侵蚀。相反，如果教育能够充分考虑到这些学生的兴趣和特长，不仅能激发他们的学习热情，还能帮助他们构建更为积极的自我形象。

如果学校和家庭过于强调“成才”教育，而忽略人格的培养、成人的教育，对孩子的成长是不负责任的。在把我们的孩子培养成所谓的“人才”之前，首先是把孩子培养成人。这个人应该是人格完整的人，是一个身心健康的人，是一个自爱自洽的人，是一个能与这个世界和谐相处的人。这些重要的方面，在我们过去的教育理念里面是缺失的。

2. 教师的素养

教师的言行、举止、修养等直接影响学生的认知、情感、行为和价值观等方面。教师的素养在很大程度上决定学生的学习效果和心理健康。

教师的素养包括教学水平、思想道德素养、方法论素养等多个方面。其中，思想道德素养是教师素养的核心，多体现在教师的为人师表角色中。比如敬业爱生、慈爱为怀、严谨负责等品质，潜移默化地影响着学生的情感和价值观。教学水平高的老师能够让学生掌握更多的知识和技能，带领学生完成更多更高水平的学习任务。而教师的方法论素养能对学生的心理产生重要的影响。教师的教学方法和策略都需要体现出个人的经验和学科特点，在教学中灵活运用。好的教学方法能够激发学生的学习兴趣和积极性，塑造学生的优秀学习习惯和自主学习意识。新课改实施都有二十多年了，但仍有不少教育工作者采用注入式地满堂灌，在这样的课堂里，基础较好、自控能力强、注意力集中的孩子会有收获。但对于基础弱、易分心的孩子而言就很难熬下去，久而久之会产生厌学情绪，甚至放弃学习。

教师素养不仅直接影响教学，也影响教师与学生的关系。一个温馨、融洽的师生关系能够激发学生学习的热情，提高学习效率，而关系紧张或不和谐的师生关系则会对学生的心理造成不良影响。一个严苛、专制的老师可能会给学生心理上带来巨大的压力，影响学生的自信心和自尊心。

案例

有一个优秀的学生在高一学习生活接近尾声时，他写信告诉我他的成长心路历程：

不知道该怎么表达，才能让您知道您的鼓励给予了我多大的勇气。初中的时候，我是班长，学习成绩也挺好，当时的班主任也会夸奖我，但中考时数学失误了，后来好朋友还有其他几个同学告诉我，在毕业后我们班优秀学生与班主任聚餐时，有人提起我，而当时的班主任却说他觉得我以后肯定没出息。得知这件事情后我很生气，也很伤心，同时憋着一口气。到了高中后就想证明自己。但来到雅礼，仿佛是印证了他的话一般，我似乎真的并不太优秀，一边努力又一边自我怀疑。是您一直以来对我给予肯定与鼓励，才让我慢慢对此淡然。不必活在别人的评价里，要好好努力，好好做自己。

3. 校风班风的影响

学校有严密的管理系统，有独特温馨的校园文化，有一群团结友爱、积极向上的校级领导和教师队伍，开设有行之有效的心理健康辅导课程，校园无霸凌发生。班级有严明的纪律和融洽的同学关系，有积极向上的舆论氛围。老师和同学能做到主动热情真诚平等待人，尊重他人，能正确认识和处理同学间的竞争与合作，自觉遵守并维护集体纪律。树立主人翁意识，学生在其中友好团结，不易钩心斗角，在融洽的气氛中感受正确的人际交往技巧，有效排除各种干扰和侵蚀，维护和增进学生的身心健康。

三、社会因素

1. 社会期待/价值观

在中国，教育历来被视为改变命运、实现社会阶层跃迁的重要途径。因此，家长和社会普遍对青少年寄予厚望，期待他们在学业上取得优异成绩，进而考入名牌大学。这种期待虽源于对孩子美好未来的祝愿，但也可能成为沉重的负担。试想，当一个孩子从小到大被不断提醒只有考上一所好大学才能有好未来时，他们的心理压力会有多大？他们是否还能享受学习的乐趣，保持对世界的好奇和探索？

此外，随着社会的发展，中国的价值观也在发生变化。现代社会更加强调个性化和自我实现。然而，这种变化与传统的集体主义价值观之间的冲突，也可能让青少年感到迷茫。他们在追求个人梦想的同时，也要面对家庭和社会的期望，这种内外的拉扯，不仅考验着他们的心理承受能力，也影响着他们的自我认知和价值观的形成。

那么，如何在尊重传统的同时，培养青少年的个性和独立思考能力呢？如何在追求学业成就的同时，关注他们的心理健康和情感需求呢？这些问题不仅是教育者和家长需要思考的，也是整个社会需要共同面对的挑战。

2. 社会媒体和网络压力

在数字时代，社交媒体和网络已成为青少年生活的一部分，它们对青少年的心理健康和社会行为产生了深远的影响。社交媒体上的自我展示已成为青少年构建和表达自我的重要方式。在这个虚拟的世界里，点赞、评论和分享成为衡量自我价值和受欢迎程度的标准。这种对外在认可的渴望可能会加剧青少年的自尊问题，导致他们过度依赖网络反馈来确认自己的价值。这不仅可能导致现实生活中的不安和焦虑，还可能影响他们的自我认知和社交技能。如何在享受社交媒体带来的乐趣和便利的同时，保持健康的自我认识，是青少年需要学习的重要课题。

网络欺凌是社交媒体时代一个严重的问题。由于网络的匿名性和边界性，一些青少年可能会成为网络暴力和欺凌的受害者。这种经历不仅会给他们的心理健康带来严重的伤害，还可能影响他们的学习和日常生活。如何识别和应对网络欺凌，如何在网络环境中维护自己的心理健康和安全，是每个孩子和他们的家长、教师都需要关注的问题。

在信息爆炸的时代，青少年面临着海量信息的冲击。这些信息的多样性和复杂性不仅挑战了他们的决策能力，还可能影响他们的批判性思维和注意力集中。如何在信息的海洋中保持清醒的头脑，如何筛选和处理这些信息，是青少年必须掌握的关键技能。同时，这也是教育者和家长需要共同努力的方向，帮助青少年建立正确的信息处理和批判性思维能力。

总之，社交媒体和网络对青少年的心理健康和社会行为产生了重要影响。我们需要帮助青少年建立健康的网络使用习惯，学会在虚拟和现实世界中找到平衡，培养他们的信息处理能力和批判性思维，以便更好地适应这个快速变化的数字时代。

3. 同龄人的压力

同龄人的压力是影响青少年心理健康的一个重要因素。在青少年时期，同龄人的影响力往往超过家庭和其他社会因素。群体认同和归属感是青少年发展中的关键元素，它们在很大程度上由同龄人群体塑造。当青少年感到自己被同龄人接受和欣赏时，他们会感到更加自信和安全。然而，这种群体认同也可能带来负面影响，如过度依赖同伴的看法和行为标准，可能会限制个人的独立思考和自我表达。

同伴之间的竞争和合作也是影响青少年心理发展的重要因素。适度的竞争可以激发青少年的积极性和进取心，促进他们的个人成长和学业进步。然而，过度的竞争可能导致压力和焦虑，影响青少年的自尊和自我价值感。相反，合作能够培养团队精神和共情能力，帮助青少年学会尊重和理解不同的观点和背景。

社交技能的发展是青少年心理健康的另一个关键方面。有效的社交和沟通技能不仅有助于建立和维护积极的同伴关系，还能提高自我表达和解决冲突的能力。在同龄人群体中培养这些技能，可以帮助青少年更好地适应社会，提高他们的自信心和社会适应能力。因此，学校和家庭应该共同努力，为青少年提供培养这些技能的机会和环境。

4. 智能手机和网络的普及

在全球化和移动设备普及的今天，数字技术在人们的休闲时间中所占比例不断扩大。截至 2023 年 10 月，全球互联网用户为 53 亿，占全球人口的 65.7%。其中，49.5 亿，即世界人口的 61.4%，是社交媒体用户。数字上瘾已经成为一个全球性的社会问题，主要表现在个人对网络的过度使用，尤其是对网络游戏、社交媒体和在线视频的依赖，严重影响了他们的日常生活、学习和工作，并可能导致心理和生理的依赖。

在中国，数字上瘾，特别是在青少年群体中，已成为一个突出的社会问题。根据中国互联网络信息中心（CNNIC）发布的第

52次《中国互联网络发展状况统计报告》，截至2023年6月，中国的网民总数已经达到了10.79亿，其中10岁以下和10—19岁青少年占比分别为3.8%和13.9%。另外，《青少年蓝皮书：中国未成年人互联网运用报告（2023）》指出，近年来未成年人触网低龄化趋势明显，10岁以前首次“触网”的未成年人占比达52%。网络游戏、社交媒体和在线视频，特别是短视频，成为青少年网络沉迷的主要形式。另一份报告显示，截至2022年12月，中国的网络视频（包括短视频）用户规模达到了10.31亿，其中短视频用户数量为10.12亿，青少年群体中有65.6%的人使用过短视频，活跃用户占20%。短视频不仅成为青少年获取新知的重要工具，满足了他们在休闲放松、信息获取和社交交流等方面的需求，也让他们容易陷入数字上瘾的困境。

此外，多个研究表明数字上瘾不仅影响到个人层面，还涉及家庭、学校和社会。作为数字上瘾的高危群体，青少年过度使用网络可能导致学业成绩下滑、社交技能退化、身体健康问题以及心理健康问题，如焦虑和抑郁。此外，数字上瘾还可能引起家庭关系紧张和社会适应能力下降。数字上瘾问题在青少年心理问题中的重要性越来越显著。数字上瘾最早由Ivan K. Goldenberg于1995年提出，它涵盖了一系列与互联网和社交媒体相关的行为成瘾，如购物、游戏和短视频等。与药物成瘾不同，这种行为成瘾影响了青少年的行为模式、情绪和生理状况，对其心理健康和未来产生了潜在的长期影响。数字成瘾问题对青少年心理健康产生了深远的影响，特别是在互联网和社交媒体成瘾方面。

四、个人因素

1. 身份探索

身份探索是青春期一个复杂而关键的过程，尤其对于中国的青少年来说，这一过程不仅关乎个人成长，还深受文化和社会环境的影响。在这个阶段，青少年开始探索和质疑自己的性别、文化、职业等多方面的身份。这种探索并非孤立发生，而是在家庭期望、社会标准和个人愿望之间进行的微妙平衡。

在中国，传统文化和现代社会价值观常对青少年产生重大影响。例如，长辈们往往期望青少年能够遵循传统的性别角色和职业路径，如男孩应当坚强、女孩应当温柔，或者鼓励学生追求稳定的职业如医生和工程师等。然而，随着全球化和信息时代的到来，许多青少年开始追求更多元化的生活方式和职业目标，如艺术家、设计师或创业者，这些选择可能与传统观念不完全一致。

在这种身份探索的过程中，青少年可能会遇到来自社会标签和个人期望的冲突。例如，一个对艺术有浓厚兴趣的学生可能因为家庭和社会的压力而被迫选择理科专业，这种内外的冲突可能导致焦虑、抑郁等心理问题。同样，对于性别认同和性取向的探索也可能在传统的社会观念中遭遇挑战，从而影响青少年的自尊和自我认同。如某个高中女生，身形高大，长年留着男生发型，潜意识喜欢上了邻班娇小的女生，精心呵护着小女生。但又认为自己的这种行为不符合常规伦理道德，生怕同学发现。面对同学的玩笑极其敏感，行为怪异易怒。这案例只是青少年的代表之一。

在这样的背景下，如何帮助青少年健康地进行身份探索，成为一个重要的议题。教育和家庭环境应当提供更多的支持和理解，鼓励青少年探索和表达自己的真实身份，而不是盲目追求社会标准。同时，学校和社区也应当提供多元化的活动和课程，帮助青少年发现和培养自己的兴趣和特长，从而构建更加全面和多元的自我形象。

在这个过程中，我们不禁要问：如何在尊重传统的同时，鼓励青少年追求个性化的发展？如何在家庭期望和个人愿望之间找到平衡点？这些问题的答案，可能关系到每一个青少年的心理健康和未来发展。

2. 学业压力和人际交往

在青少年的生活中，学业压力和人际交往是两个重要且相互关联的领域，它们对学生的心理健康产生着深远的影响。

学业压力，尤其是高考的压力，对高中生的心理状态有着巨大的影响。高考被视为改变命运的关键，因此许多学生从小就承受着巨大的学习压力。这种压力不仅来自学校和家庭，还来自整个社会对优秀成绩的期待。长期的学习压力可能导致学生出现焦虑、抑郁、睡眠障碍等多种心理问题。例如，一些学生可能因为害怕考试成绩不佳而感到极度焦虑，甚至出现逃避学习的行为。这些心理问题如果不被及时发现和处理，可能会对学生的长期发展产生不利影响。

除了学业压力，人际交往也是影响高中生心理健康的重要因素。在青春期，同伴的影响力逐渐增强，同伴压力成为不可忽视的问题。同学之间的竞争、排斥或欺凌行为都可能对个体产生负面影响。同时，师生关系也是影响学生心理健康的重要因素。一位理解和支持的老师可以极大地鼓励学生，而严厉或不公平的教师则可能加剧学生的心理压力。此外，家庭期望和爱情问题也是青少年常常面临的挑战。家庭中的过高期望或冲突、初恋的甜蜜与困惑都可能对青少年的心理健康产生影响。

在这样的背景下，如何帮助学生应对学业压力，如何培养健康的人际交往能力，成为教育者和家长需要共同关注的问题。学校应提供心理辅导和压力管理的课程，帮助学生学会有效应对学业压力。同时，家长和教师也应该学会倾听和理解学生的感受，为他们提供一个温暖和支持的环境，帮助他们在青春期的风浪中稳健前行。

第二章

青少年心理问题的干预策略

第一节　情绪管理

一、教会孩子管控好自身情绪

情绪管理是自我认知的重要组成部分，它涉及如何识别、理解与调节情感，以及如何有效应对压力与焦虑。

首先，家长和教育工作者应当通过集体教育或个别辅导帮助青少年充分认识情绪管理的重要性。例如，在我所带的每个班级中，都曾以如下故事为情境，开展过题为“我的情绪，我做主”的主题班会。故事内容如下：

在一场举世瞩目的台球赛事中，一个选手距离胜利仅一步之遥，只需将最后的8号球击入球袋便可锁定胜局。此时，一只苍蝇突然落在选手握杆的手臂上，带来轻微瘙痒，选手暂停动作驱赶苍蝇。不料这只苍蝇再次飞回，竟落在选手紧锁的眉间，选手不得不第二次中断比赛，烦躁地挥手驱赶。当选手深呼吸准备第三次击球时，苍蝇竟幽灵般落在8号球上。盛怒之下，选手挥杆击打苍蝇，导致8号球偏离轨道。根据比赛规则，对手获得反超机会并最终取胜。苍蝇与冠军的命运关联看似偶然，实则揭示了深刻道理：若选手能控制怒火，静待苍蝇飞离，结局或将改写；反之，若不能及时化解愤怒情绪，人们终将被生活琐事困扰，因无谓小事失控，导致身心俱疲、关系紧张、学业退步乃至事业危机。

班会上，多个同学结合自身经历，从正反两方面探讨了情绪管理的重要性，并分享了情绪调控的实用技巧。

其次，在青少年心理发展过程中，情绪管理与自我认知能力的培养尤为关键。研究表明，良好的情绪调节能力不仅能提升学业表现和社会适应性，还能显著降低抑郁、焦虑等心理问题的发生率。以下方法有助于提升情绪管理与自我认知能力：

1. 情感识别

通过自问“我当下的情绪是什么？”“产生这种情绪的原因是什么？”将抽象情绪转化为具体认知。当察觉青少年情绪波动时，可采用提问法引导其识别情绪，如“是不是身体不舒服？”“这次数学测试不满意吗？”“今天和同学有矛盾吗？”

2. 情感接纳

理解所有情绪都是正常反应，不必因此感到羞耻或无助。接纳是情绪管理的基础。

3. 情感表达

通过绘画、写作、音乐或倾诉等适当方式释放情绪。青少年时期，父母和教师应营造温暖的交流环境，成为孩子的情感支持者。

案例

高三学生在临近高考前的一个月（时间长短因人而异）普遍会感到莫名的不安：似乎之前掌握的知识突然遗忘，睡眠质量明显下降，解题准确率持续走低，面对复习又不知从何入手。这种考前焦虑现象在多数考生中都存在。因此，在我担任班主任期间，每逢考前一个月都会组织“把烦恼大胆说出来，你我携手轻松迎考”主题班会。通过你一言我一语的交流，同学们发现彼此的焦虑高度相似，从而认识到这种焦虑实属正常。当大家畅所欲言后，既能互相献计献策，又能共同探寻缓解压力的方法，最终如释重负。

4. 情感调节

建立个性化调节机制，如深呼吸、冥想或写情绪日记，帮助在激动时恢复平静。

5. 压力管理

识别压力源并制定应对策略，包括时间规划、目标设定及合理拒绝非必要事务。

6. 正念训练

培养专注当下的能力，避免过度忧虑未来或沉湎过去，增强情绪稳定性。

案例

我带的高三班级中有一个学生向我倾诉了她的几点忧虑：(1) 虽然自认为听懂了课程内容，却不愿花时间深入落实和系统整理，导致成绩波动较大。明知这种做法不妥，却又难以改变，该怎么办？(2) 将目标定为浙江大学，但以目前状况来看差距较大，是否应该调整目标？(3) 即便现在十分努力，但想到未来可能面临房贷压力，又无法从事理想的心理学事业，便对当下的努力意义感到迷茫。(4) 平时做题时明明已经理解掌握，但考试遇到题型变化就无从下手，该如何应对？(5) 感觉人际交往过于复杂，难以结交知心朋友，总觉得人心险恶、处处是陷阱，该怎么办？这些正是“过度忧虑未来”的典型表现。针对她的五个困惑，我和她一起进行了细致分析：其实所有问题的根源都在第一个问题上。若能脚踏实地学习，做好知识梳理，自然就能心无旁骛，后续的问题也将迎刃而解。因此，我们应当立足当下，专注眼前——而第一个问题正是我们当下能够着手解决的。

7. 寻求支持

主动与亲友或心理咨询师分享困扰，避免独自承受压力。

案例

一个有轻度抑郁的孩子向我倾诉以下困扰：（1）进入高中后，无论怎样努力，成绩始终无法提升，深感前途渺茫；（2）因未能妥善处理与异性同学的关系，导致父母误解，总认为她是因恋爱分心才成绩下滑，他们反复唠叨甚至打骂，让她感受不到家庭温暖；（3）没有朋友，总感觉被同学和老师轻视，坐在教室里总觉得他们的目光充满异样。

我首先给予她充分的肯定，感谢她对我的信任，并赞扬她愿意与老师分享困扰是明智的选择。正是因为她的坦诚倾诉，及时释放了压力，才能在老师和同学的帮助下顺利度过高三，最终考上大学，并在大学校园里重新找回了迷失的自我。

家长和教育工作者应以身作则做好情绪管理。例如，上课铃响后，如果同学们迟迟没有安静下来，我会先停下来，观察声音主要来自哪些区域，是哪些同学在讲话。待同学们安静后，我会耐心地告诉他们："前面已经上了两节课，老师很疲惫。如果同学们继续说话，老师担心后排同学听不清，不得不提高音量，这样会让老师更累；而如果停下来维持纪律，又会影响教学进度，导致课堂任务无法完成。"这样做既维护了课堂纪律，同时也示范了老师遇到不愉快时会明确表达情绪而非发泄情绪。又如当教室的多媒体设备频繁出现故障时，师生难免会产生情绪波动。此时，若教师带头抱怨，只会加剧师生的负面情绪。面对这种情况，我选择先平复自己的情绪，转而微笑着对学生说：“看来科技也在考验我们师生的应变能力呢！”经过这样的历练，我们班师生的应变能力必然会优于他人。

通过系统训练，青少年将逐步建立情绪—认知—行为的良性循环，为心理韧性发展奠定基础。

二、家长和教育者管控好情绪

当面临挑战性情境时，家长和教育者需要尽力管控自身情绪。情绪激动与冲动可能加剧紧张局势，甚至导致矛盾进一步激化，进而引发青少年冲动行为。而保持冷静则有助于更妥善地处理问题。家长和教育工作者应将情绪管理提升至人生智慧的层次。情绪，这一看似随时可能失控的因素，常常在不经意间扰乱心智，甚至影响决策。控制情绪不仅是家长与教育者成熟的表现，更是对自身及他人的尊重。唯有掌控自身情绪，才能以冷静、理智的态度应对问题，从而更准确地把握问题本质，并找到有效的解决方法。

杨绛先生曾言：“控制好自己的情绪，人生就赢了一大半。”的确，若能以稳定的情绪面对受教育者的问题，许多难题便会迎刃而解。这并非夸大其词。善于控制情绪的人，更容易赢得他人的信任与尊重，也更能于复杂的人际关系中坚守立场。反之，若父母脾气暴躁，夫妻间频繁争吵甚至打骂，在这种环境中成长的孩子往往易怒、冲动，难以理性管控自身情绪。

案例①

某日体育课上，学生集合完毕后，体育老师分组安排活动。一名女生因未被分到自己喜爱的运动项目而心生不满，当场辱骂老师。老师难以容忍，遂向学校教育处反映，要求严肃处理。教育处立即通知家长到校协商解决。然而，家长到校后并未前往教育处，而是直奔操场，当众扇了女儿一记耳光，并厉声斥责。目睹此景的同学纷纷低语："她怎么会有这样的父亲？"女儿的粗暴行为不仅伤害了老师，也损害了自身形象，更影响了课堂氛围。而这一行为的根源，恰恰可以从其父亲的表现中找到答案——所谓"有其父必有其女"。

案例②

某班正在上课，班主任巡查时透过窗户发现一名学生低头在座位下玩手机。班主任当即怒火中烧，冲进教室没收手机，并将学生带出教室，坚称其是在看小说。学生辩解自己只是在回复母亲的短信，双方争执不下。最终，老师大发雷霆，学生歇斯底里。问题不仅未能解决，反而加剧了师生间的隔阂与不信任。

青少年正处于情感与心理发展的关键阶段，时常面临各种挑战和情绪波动。为帮助他们有效应对这些情感问题，家长和教育工作者需要具备积极的情绪管理能力与良好的沟通技巧。采用温和且富有同理心的态度与青少年交流至关重要。应当充分理解他们的情感需求与观点，避免轻视或否定其感受。青少年在成长过程中会遭遇诸多陌生的情感体验与复杂情境，他们更需要被倾听与理解，而非一味地遭受指责或批评。真诚地表达关切与理解，方能建立起稳固的互信关系。物随心转，境由心造，烦恼皆由心生。世间诸多烦恼，实则源于自身心境。性格温和的父母和教育工作者往往能以冷静客观的态度处理问题，他们通常具备清晰的思维模式，能够理性应对孩子（学生）遇到的各类状况。始终保持积极乐观的心态尤为重要——当孩子（学生）成绩不理想时，仍要善于发现其闪光点，诸如厨艺精湛、团结友爱、品行端正、身心健康等特质。须知人无完人，他人子女（学生）学业优异，未必拥有这些可贵品质。即便当前学业表现不佳，只要在孩子（学生）擅长的领域持之以恒地努力，未来同样能成就一番事业。

《庄子·达生》里讲了一个游泳的故事，是说在水流湍急到鼋鼍鱼鳖都不游的水域，孔子亲见一个壮年男子能随波逐流，于是追上去讨教潜水门道。壮年男子回答，他没做什么，就是顺势而为。随着漩涡一起潜到水底，又伴着向上的涌流浮出水面。这名男子真的没做什么，真的“无为”吗？其实他是不慌不忙思考如何顺势而为，“不为”是为了“有为”。教育者对受教者的有效的教育方法，也应该是顺势而为。面对学生（孩子）的问题，先不要冲动，要不慌不忙，放松自己，越紧张越对抗就是硬碰硬，杀敌一千自损八百，两败俱伤。80%的能量都消耗在对抗中。对孩子的教育，如一场马拉松赛跑，急不得，要慢慢来。

教育者自我认知和情绪管理，在帮助青少年解决成长过程中的问题时很重要。多数教育者在遇到孩子成长过程中的问题时，往往过度焦虑，尤其是高三的家长，焦虑过度致情绪失控，极易与受教者之间产生对抗，不但不能解决问题，反而激发了矛盾。教育者如何提升自己的情绪管控能力以及如何帮助青少年认识自己的情感和心理健康，并提供情绪管理工具，以应对压力和焦虑？教育者先要有一个信念，冲动是魔鬼，过度焦虑是解决不了问题的。任何问题的到来，都不要着急去做回应，不要逼迫自己去解决，让这个事发酵一下，也许就峰回路转了呢？只要我们一日一日来，一步一步走，自会迎来柳暗花明。

第二节　系统支持

一、建立支持系统

一个健康的社交支持系统可以成为青少年成长过程中的坚强后盾。它们可以在困难时提供安慰和支持，在快乐时分享喜悦。通过建立积极的社交关系，青少年可以更好地适应生活的变化和挑战。

建立支持系统对于青少年的心理健康和幸福感至关重要。一个健全的社交支持系统能够帮助学生有效应对生活中的各种挑战与压力。以下是一些具有针对性的建议，旨在协助青少年构建健康的社交支持系统：

1. 建立亲密家庭关系

家庭是支持系统的核心组成部分。学生应主动与父母、兄弟姐妹建立亲密关系，坦诚表达自己的需求与感受。家庭应当成为倾诉烦恼、寻求支持以及分享喜悦的安全港湾。

2. 亲近朋友

朋友在青少年成长过程中发挥着不可替代的作用。建议学生用心经营真挚的友谊，与知心朋友分享生活中的喜怒哀乐。值得信赖的朋友不仅能成为倾诉对象，更能陪伴彼此度过人生中的高低起伏。

3. 求助学校

学校的教师和心理辅导员都是可提供专业支持的教育工作者。当遇到学业或情感困扰时，学生应当主动寻求他们的帮助。这些专业人士能够提供专业的心理咨询和建设性建议。

4. 构建信任

构建支持系统的关键在于建立互信、坦诚的人际关系。学生需要与家人、朋友和辅导员保持开放、真诚的沟通，通过相互信任来巩固这些重要关系。

5. 双向支持

健康的支持系统强调互帮互助。在获得支持的同时，学生也应主动关心家人和朋友的需求，在他们遇到困难时及时伸出援手。这种良性互动能够显著增强人际关系的亲密度。

6. 培养共同兴趣

建议学生与家人、朋友共同培养兴趣爱好。这些共享的活动不仅能增进感情，还能为日常交流提供丰富话题，有助于建立更紧密的情感联结。

7. 化解冲突

人际交往中难免产生矛盾。学生需要学会以成熟、理性的方式处理分歧，通过相互理解和适当妥协来化解冲突，从而维护支持系统的稳定性。

8. 专业求助

当面临严重的心理压力或情绪困扰时，学生应当及时寻求心理咨询师等专业人士的帮助。他们能提供更深入的心理支持和专业干预。

案 例

某学生因父母离异再婚导致长期缺乏关爱，继而产生社交恐惧。为帮助其克服社交障碍，我通过以下途径协助其建立支持系统：（1）协调父母配合教育：要求父母轮流陪伴下晚自习的孩子，周末陪同运动，寒暑假安排家庭旅行；（2）营造友善校园环境：特意安排与其关系要好的同学做同桌，引导同学主动关心，并将其编入熟悉的同学所在的学习小组和兴趣社团；（3）定期心理辅导：通过共进午餐、面批作业等机会进行谈心，鼓励其表达内心困惑。经过一个学期的系统干预，该生在多方位的支持帮助下，旷课现象显著减少。

健全的社交支持系统能够为青少年的成长发展提供坚实后盾。它既能在困境中给予青少年慰藉与支持，也能在喜悦时刻与青少年分享快乐。通过建立积极健康的人际关系，青少年能够更好地适应生活变化，迎接成长挑战。

二、情感支持

情感支持对于青少年的心理健康和成长具有不可替代的作用。家长和教育者可通过以下方式提供有效的情感支持：

1. 积极倾听

专注倾听青少年的情感诉求，尊重其情感表达的多样性。避免轻视或忽视他们的情感体验，应给予充分的时间与空间，让其畅所欲言。

2. 情感接纳

引导青少年正确认识自身情感。需强调所有情感反应都具有合理性，个体差异导致的情感体验差异实属正常，无需因此产生羞耻或焦虑。

3. 营造安全环境

构建让青少年感到安心的情感表达场域，确保其能够畅所欲言而不必担心遭受批评。这是建立互信关系的重要基础。

4. 引导合理表达

鼓励青少年选择适合的宣泄渠道，如文字记录、艺术创作、音乐欣赏或人际交流等。恰当的情感表达能有效缓解心理压力。

5. 阐释情感价值

帮助青少年认知情感的积极意义。情感不仅是生活的组成部分，更是自我认知与人际交往的重要参照系，对问题解决和关系建立具有指导作用。

6. 树立行为典范

家长和教育者应以身作则，通过自身的情感支持行为为青少年提供可参照的示范，培养其情感管理能力。

7. 避免主观评判

切忌对青少年情感体验妄加评判。应充分尊重个体情感差异，保持理解与包容的态度。

有效的情感支持能帮助青少年建立健康的人际联结，提升情感认知能力，缓解心理压力，促进心理健康发展。这种支持体系还有助于构建互信互谅的亲密关系，增强青少年的安全感。

案例

2009届某女生陷入情感漩涡无法自拔，出现上课注意力涣散、成绩持续下滑、失眠焦虑等症状。在帮扶过程中，我采取渐进式介入策略：课堂给予温馨提示，作业批注鼓励性评语，周末邀请至家中聚餐。高三第四次月考后，其成绩出现断崖式下跌，在各方压力下，她主动寻求心理疏导。考虑到问题的敏感性，我们特意安排在第二节晚自习（避开作业时间）于操场西北角进行深度交流。见面瞬间，她情绪崩溃，痛哭失声。我轻抚其背表示理解："哭出来吧，老师知道你这段时间很不容易。"待情绪平复后，我们绕场漫步，倾听其情感宣泄。我分析道："这次失利不必过分自责，高考前还有8次调整机会。你的学习能力毋庸置疑，当前需要解决的是影响学习的非智力因素。"经引导，她坦言因男友优秀且追求者众多，常陷入嫉妒性幻想——体育课时幻想情敌与男友互动，又因容貌自卑产生强烈不安全感。前20分钟专注倾听其情感经历后，我首先肯定其情感的纯真性，继而指出："这种缺乏信任的感情实则是情感绑架，不仅折磨自己，也给对方造成压力。建议暂时搁置感情，高考后重新审视。若确有缘分，大学再续不迟。"这次辅导帮助她实现了情感认知的升华。后续备考中，她逐步重拾自信，最终回归良性发展轨道。

三、开放对话

鼓励开放对话是帮助青少年建立健康心理状态的关键步骤。这种沟通方式不仅有助于解决问题，还有助于建立亲密的家庭和学校关系。通过倾听、理解和支持，成年人可以成为青少年生命中的重要支持者，帮助他们在这个关键时期茁壮成长。

1. 开放对话的重要性

青少年时期是一个充满变化与挑战的人生阶段。他们正处于自我认同的探索期，需要应对学业压力、同伴关系、家庭期待以及未来发展的不确定性。在此阶段，开放对话对其心理健康和人格发展具有不可替代的作用。

（1）情感表达与理解。青少年常经历复杂多变的情感波动，但往往缺乏适当的表达和理解能力。开放对话能为其提供安全的情感宣泄渠道，使其获得成人的共情与支持。

（2）心理健康认知。持续对话有助于提升青少年对心理健康问题的认知度，使其了解焦虑、抑郁等常见心理状态，并建立主动求助意识。

（3）信任关系构建。真诚的倾听与理解能有效建立亲子间、师生间的信任纽带，这种互信关系是健康人际关系的重要基石。

2. 开放对话的实施策略

（1）专注倾听。当青少年主动倾诉时，应保持专注聆听，避免急于评判或说教，给予充分的表达空间。

（2）营造安全环境。创设无压力的交流情境，选择适当的私密时空，消除青少年的心理戒备。

（3）问题疏导与解决。通过对话交流，青少年能敞开心扉探讨学业困境、人际矛盾或情感困惑。成人的阅历智慧可引导他们探索解决问题的多元路径。

（4）正向反馈。对青少年的分享给予建设性回应，通过肯定性语言传递支持态度。

（5）情绪管理。即使不认同青少年的观点，也应保持情绪稳定，避免负面反应阻断沟通渠道。

（6）专业转介。当问题超出辅导能力时，应主动建议寻求专业心理援助，并强调求助行为的积极意义。

（7）经验共享。适度分享个人成长经历，通过同理心建立情感联结。

（8）持续跟进。建立定期交流机制，动态关注青少年的心理状态变化。

（9）隐私尊重。严格保护青少年的隐私权，不强制其披露不愿分享的信息。

（10）对话情境的把握技巧。

方式一：亲和式对话。教育者的表情神态直接影响沟通效果，温和亲切的态度最能消除隔阂。例如某个教师节有学生赠言："记得分班首日，您微笑着与每个同学单独交谈，那温暖的笑容让我对新班级产生了最初的归属感。"

方式二：共情式沟通。有效的对话不在于辞藻华丽，而在于精准触动心弦。如同吹笛按准音孔，只有说到关键处才能打开心门。

方式三：倾听优先。教育者应避免主观臆断，通过耐心倾听全面把握情况，否则可能引发抵触情绪，适得其反。

方式四：实证性交流。需在充分调研的基础上开展对话，了解学生的成长背景、行为动机等深层因素，做到有的放矢。例如，针对课堂效率差异，通过智能课堂系统记录学习行为，结合学业数据开展诊断性对话，帮助学生认识“欲速则不达”的道理。

开放对话是促进青少年心理健康的核心途径。这种互动模式既能及时解决问题，更能构建稳固的支持系统。当成人以倾听者、引导者和陪伴者的多重角色介入时，就能为青少年的健康成长提供最有力的保障。

四、关注变化

霍桑效应，又称霍索恩效应，属于被试效应的一种，是 20 世纪 20—30 年代由美国哈佛大学心理学家乔治·梅奥（George Elton Mayo）团队在西部电力公司霍桑工厂进行的一系列实验中发现的心理学现象。实验表明，当参与实验的工人感受到被关注时，即使照明条件恶化和福利措施取消，其工作效率仍显著提升。这一发现揭示了社会性需求（如被关注）的满足往往比物质待遇更能激发员工的积极性和创造性。同理，关注青少年的变化——尤其是有心理问题倾向的个体——是家长和教育者的重要责任，这有助于及时干预并提供有效支持。以下是关注青少年变化的十种具体方法：

1. 定期对话

建立开放、非评判性的定期对话机制至关重要。通过询问青少年的日常感受、经历与困惑，家长能更精准把握其情感状态与思维模式。对话时应注重倾听言语背后的情绪，避免打断或批判，营造安全表达空间。

2. 行为观察

系统观察青少年的行为变化是识别潜在问题的关键。需警惕突然的情绪波动、社交回避、作息紊乱等异常表现，这些可能是心理问题的前兆信号。

3. 学业监测

学业表现是心理状态的晴雨表。需动态跟踪成绩波动、作业质量及课堂参与度，持续性的学业下滑可能反映深层心理困扰。

4. 家校联动

主动与教师、辅导员保持沟通，获取青少年在校行为的全景信息。教育者的第三方视角常能发现家庭环境中难以察觉的问题线索。

5. 专业干预

若出现自伤、持续抑郁等严重问题，必须立即联系心理咨询师或精神科医生。专业评估与干预能有效阻断问题恶化。

6. 生活事件追踪

记录家庭变故、校园欺凌等重大生活事件，这些往往是青少年行为突变的诱因。建立事件与情绪反应的关联性分析框架。

7. 信任构建

通过长期稳定的情感支持积累信任资本。明确传达“无论发生什么都会陪伴”的态度，降低青少年求助的心理门槛。

8. 家长互助网络

参与家长社群交流，共享教养经验。不同家庭的应对策略可互为镜鉴，同时缓解养育者的孤立无援感。

9. 协作式计划制定

针对已发现问题，邀请青少年共同设计改进方案。赋予其决策参与权能增强执行意愿，计划应包含阶段性目标与灵活调整机制。

10. 非评判性陪伴

以成长型思维看待青少年波动期，避免过度纠错。重点在于提供情感容器而非即时解决方案，理解其试错行为的发展必然性。

第三节 自我调节

一、培养兴趣和建立目标

青少年时期是个人兴趣和目标形成的关键阶段。引导青少年发掘个人兴趣与特长，同时协助其设定清晰目标，不仅能有效提升自尊水平与内驱力，还能缓解其成长过程中的多重压力。下文将系统阐述兴趣培养与目标建立的实践策略，为青少年健康发展提供有效支持。

1. 发掘个人兴趣与特长

兴趣爱好的发掘对青少年心理健康与主观幸福感具有奠基性作用。在此自我认同的关键期，可采取以下方法帮助青少年探索兴趣：

（1）多元体验。鼓励参与体育、艺术、音乐、科学等多样化活动。广泛的尝试能帮助其识别真正的兴趣点。

（2）自我觉察。引导关注参与活动时的情绪体验与专注程度，通过记录“心流时刻”识别潜在兴趣。

（3）探索支持。提供安全的试错环境，允许兴趣探索存在合理周期，避免过早定向。

（4）社交反馈。建立兴趣分享机制，通过同伴交流、师长访谈获取建设性反馈。

（5）坚持训练。强调刻意练习的价值，设置阶段性成就指标强化坚持行为。

案例

在班主任工作中，我重点关注具有适应困难学生的兴趣特征。通过为其匹配兴趣社团，并协调高年级学员提供支持性陪伴，逐步引导其从普通参与者成长为活动组织者。曾有一个敏感、自卑的学生，在系统鼓励下最终胜任了英语社主持人角色。

2. 目标设定与执行

学业效能感缺失是青少年心理问题的重要诱因。科学的目标管理可通过以下路径实施：

（1）目标具体化。将“提高成绩”转化为“每日完成 2 篇英语完形填空”等可操作指标。

（2）计划分解。采用逆向规划法，将大目标拆解为周计划、日任务。

（3）时间区块。教授番茄工作法等时间管理技术，建立学习—休息节律。

（4）进展可视化。使用甘特图记录进度，培养元认知监控能力。

（5）强化机制。设置阶梯式奖励，将外部激励逐步转化为内部动机。

（6）动态调整。建立每月目标评估机制，培养成长型思维。

3. 学业目标合理化

在升学压力下，需特别注意：

（1）防止目标过高。名校新生普遍存在“清华大学、北京大学”预期，需通过生涯测评等工具建立合理预期。

（2）过程性评价。强化学业进步维度（如排名提升率）的反馈，弱化绝对分数比较。

（3）多元成功观。引入霍兰德职业测评，拓展成功定义的维度。

4. 多维目标体系构建

应着力建立：

（1）健康管理目标。包括睡眠、运动等生理指标。

（2）社交发展目标。设定同伴支持、师生互动等社交指标。

（3）自我认知目标。建立定期自我反思机制。

5. 目标具象化技术

具体实施方法：

（1）愿景板技术。将文字目标转化为视觉化呈现。

（2）SMART 原则应用。确保目标具备具体性、可衡量性等特征。

（3）预演训练。通过心理模拟强化目标承诺度。

（4）压力缓冲。目标导向行为降低焦虑水平。

系统的兴趣培养与目标管理是青少年发展的关键促进因素。教育者应通过专业化指导，帮助青少年建立个性化的兴趣—目标发展体系，为其终身发展奠定基础。这需要家庭、学校、社区的协同支持，共同构建有利于青少年健康成长的发展生态。

案例 1

一名小学和初中均在偏远县城就读的男生，凭借优异的数学竞赛成绩考入名校。入学后，他的英语口语能力及笔试成绩与省会城市学生存在明显差距。初期他仍坚持早自习朗读英语，但在多次遭到同学嘲笑后产生心理障碍。由于英语严重拖累整体成绩，其初中阶段建立的学业自信逐渐瓦解。第一学期结束时，该生已变得沉默寡言，甚至向父母提出转学回乡的请求。为此，我联合英语教师及多名同学制定专项帮扶计划：设定“一年内英语成绩达到110分”的目标（当时班级均分120+，而他长期徘徊于90分及格线边缘）。具体实施方案包括：每日完成“纠正一个发音+背诵定量单词+精读一篇短文”三项任务（发音矫正由结对伙伴协助）；英语教师负责学习内容筛选；我作为班主任则主抓心理激励与计划督导。每次大考前，我们重点检测近月训练内容的掌握准确率，通过阶段性成果积累重建信心。经过一学期的系统训练，该生期终英语成绩首次达到班级均分，这有效验证了帮扶方案的可行性。随着英语成绩的持续提升，其学习状态逐渐恢复正常。

案例❷

在辅导案例中，两名学生分别怀揣“成为动漫设计师”和“参军入伍”的职业理想，但均因认为高中课程与未来职业无关而产生厌学倾向。我通过引导式提问帮助他们建立认知：首先明确主流就业路径——多数人需通过高考进入对口专业院校，再经系统学习步入理想行业；其次剖析现实逻辑：若现阶段荒废学业，将直接导致无法考入相关领域优质院校，职业理想更无从谈起。此外特别强调：个人职业目标会随着社会需求与认知发展动态调整，具有阶段性和可变性特征。对于立志从军的女生，我特别建议其“文化课与体能训练双轨并进”，为将来报考军事院校夯实基础。这种将远期目标拆解为当下具体行动的策略，有效缓解了他们的焦虑情绪。

二、运动与心理健康

身体健康与心理健康具有显著的关联性。哈佛大学研究显示，每周进行 3 次 30 分钟有氧运动可使抑郁症状降低 26%。青少年正处于生长发育关键期，其生理健康与情绪状态存在双向影响关系。因此，重视这种关联并采取积极措施促进身心协调发展，对其整体健康至关重要。

1. 身心健康的交互影响

研究表明，生理健康问题可能影响情绪稳定性，心理状态也会反作用于身体健康。具体表现为：

（1）运动与情绪调节。体育活动能刺激内啡肽等内源性物质的分泌，有效改善情绪状态，缓解焦虑和抑郁症状。

（2）睡眠与情绪健康。规律运动可提升睡眠质量，而优质睡眠对情绪调节具有重要作用。睡眠紊乱易导致情绪波动。

（3）营养与认知功能。适度运动能促进食欲，均衡营养摄入对大脑功能至关重要。如 Omega-3 脂肪酸有助于维持情绪稳定。

（4）成瘾行为防范。物质滥用会严重损害心理健康，需加强青少年抵御不良诱惑的教育。

2. 体育运动与户外活动的促进作用

科学适量的运动对青少年心理健康具有多重效益：

（1）压力释放。通过刺激内啡肽和多巴胺分泌，运动能有效缓解学业压力、社交焦虑等负面情绪。建议家长每日陪伴运动，教师应确保学生充分参与课间活动。

（2）体质增强。规律锻炼有助于控制体重，提升心肺功能，增强肌肉力量，预防肥胖等慢性疾病，为终身健康奠定基础。

（3）社交发展。团队运动能培养合作精神，户外活动可增进同伴信任。建议教育者利用假期组织相关活动。

（4）信心培育。运动中的技能提升和成就体验能显著增强自信心，这种积极效应可迁移至其他生活领域。

三、睡眠管理与饮食教育

心理问题青少年常伴有睡眠障碍和饮食紊乱，需及时干预。

1. 睡眠管理要点

（1）作息规律。固定作息时间有助于生物钟稳定。

（2）电子设备管控。睡前 1 小时禁用电子设备。

（3）环境优化。保持卧室安静、黑暗、温度适宜。

（4）饮食控制。避免睡前摄入咖啡因或过量食物。

2. 饮食教育重点

（1）均衡营养。确保蛋白质、维生素等全面摄入。

（2）限制加工食品。减少高糖高盐食品摄入。

（3）科学饮水。保持充足水分摄入。

（4）饮食节制。避免情绪性暴饮暴食。

（5）用餐习惯。专注进食，细嚼慢咽。

3. 物质滥用预防

（1）危害教育。明确成瘾物质的生理心理危害。

（2）抵制训练。增强拒绝诱惑的能力。

（3）支持系统。建立可信赖的求助渠道。

（4）防护策略。规避高风险情境。

案 例

锐锐休学后插班到我班就读高二。当时她完全依赖药物控制睡眠，情绪低落时便暴饮暴食，导致严重肥胖。基于她初中和高一成绩优异，我与她父亲商议后认为，当前学习并非首要任务，调理睡眠和饮食才是关键。达成共识后，我们首先着手改善她的睡眠状况。我建议家长请假陪孩子旅行，并充分利用她地理成绩突出、热爱《中国国家地理》杂志的特点，让她从杂志中自主选择目的地，开启一场父女二人的“说走就走的旅行”。行程中要求白天专注赏景，禁止补觉和使用电子产品；晚上回到宾馆则自由安排睡眠。一个月内，他们先后游览了九寨沟、云阳梯田、西双版纳雨林。旅行期间，锐锐彻底摆脱了焦虑和电子产品的束缚，也避开了食物诱惑，全身心投入自然景观。尽管白天体力消耗大，但精神始终愉悦。我们始终保持沟通。其父反馈：在未服药的情况下，她已能做到晚 10 点至早 7 点规律睡眠，且体重减轻了 6 斤。经协商，我们一致同意她可返校复课。此后，她的作息显著改善，能够坚持正常学习，两年后成功考入湖南农业大学，目前正在攻读研究生。其父专程告知喜讯，表示女儿已完全康复，他终于放下了长久悬着的心。

第四节　专业帮助

一、专业心理咨询

在干预和预防青少年心理问题时，家长和教育者的角色至关重要。他们不仅需要采取积极行动帮助青少年建立健康的心理基础，还需认识到专业心理咨询的必要性。本节将探讨专业心理咨询对青少年心理健康的重要性，以及如何有效寻求和利用这种支持。

1. 寻求专业心理咨询至关重要

（1）专业知识和经验。专业心理咨询师具备系统的理论知识和实践经验，能有效应对各类青少年心理问题。他们经过专业培训，熟悉不同年龄段青少年的心理特征，掌握了处理情绪和行为问题的科学方法。这种专业能力是家长和教育者难以企及的，因此咨询师能提供更具针对性的支持。

咨询师采用基于循证医学的最佳实践方案，其干预策略均经过科学验证。他们不仅能准确识别问题本质，还能制定个性化干预方案。此外，咨询师通过持续专业发展更新知识体系，保持与前沿研究的同步。他们还能与医生、教师等跨学科团队协作，构建全方位的支持网络。

（2）中立客观的立场。专业咨询师能提供不受情感因素干扰的客观视角。这对青少年尤为重要——他们常因担心被批评而回避与家长、教师沟通。咨询师创造的保密空间让青少年能畅所欲言，这种无评判的环境有助于获得新的认知视角。

咨询师的中立性能帮助识别家庭、学校系统中潜在的互动模式。他们还能引导青少年区分主观感受与客观事实，培养理性思维。这种专业距离既保护了青少年的表达自由，又避免了熟人关系中可能存在的偏见。

（3）深度沟通机制。心理咨询建立了特殊的深度对话机制。在这个受保护的空间里，青少年可以系统梳理内心感受，不会遭遇随意打断。这种结构化沟通既是自我探索的过程，也是问题解决的途径。

通过持续对话，青少年能逐步厘清个人价值观与行为动机。咨询建立的信任关系为情感表达提供了安全容器。这种体验不仅能增强自我认知，更能培养情绪调节能力。习得的沟通技巧（如主动倾听、非暴力表达）将成为受益终身的社交能力。

（4）心理健康技能培养。咨询师会系统教授心理健康核心技能，如情绪识别与调控技术、压力管理策略、健康自尊的培育方法、人际关系的优化技巧。这些技能不仅能缓解当下困境，还能形成预防未来心理问题的免疫机制。例如，习得的正念技术能提升学业压力下的表现稳定性，而沟通训练则有助于建立更具支持性的人际网络。

2. 寻求专业心理咨询支持的途径

（1）了解服务资源。建议家长和教育者，调研本地心理咨询机构资质，核实咨询师的专业认证（如国家二级心理咨询师），通过校医室或社区卫生中心获取转介信息。

（2）建立沟通共识。实施咨询前需进行预备性谈话，重点在于：① 消除“看心理医生等于有病”的误解；② 强调咨询是增强心理免疫力的健康行为；③ 确保青少年拥有选择参与度的权利。

（3）匹配咨询专家。筛选标准应包括：① 青少年心理咨询专长；② 受训背景（如认知行为疗法资质）；③ 建立工作联盟的能力。

（4）参与支持系统。家长可发挥以下作用：① 定期与咨询师沟通进展（需遵守保密协议）；② 配合创设有利于治疗的家庭环境；③ 避免过度干预专业进程。

（5）保持治疗连续性。① 需建立合理预期；② 设置阶段性评估节点；③ 将咨询目标分解为可量化的步骤；④ 建立应对反复的预案机制。

专业心理咨询通过其知识体系、中立立场、深度沟通和技能培训，构建了青少年心理健康的专业防线。家长和教育者需以资源链接者、过程支持者和环境营造者的角色参与其中。这种多层次的干预体系，既能化解即时心理危机，更能培育面向未来的心理韧性。

需要强调的是，除家庭和学校系统外，社区心理服务中心、青少年心理热线等社会支持网络，同样是预防干预体系中不可或缺的组成部分。

二、专业技术应用

AI（人工智能）技术在教育领域的应用确实呈现出鲜明的双刃效应：既可能成为诱发学生心理危机的潜在风险源，也为心理健康干预提供了创新工具。未来，心理健康教育将因技术的广泛应用而显著受益。以下趋势将重塑青少年心理健康教育模式，并提供更全面的支持资源：

1. 虚拟现实与增强现实技术

虚拟现实（VR）和增强现实（AR）技术将推动青少年心理健康教育的革命性发展。通过沉浸式模拟情境，青少年可体验各类情感与心理问题（如社交焦虑、恐惧症、抑郁等），并与虚拟角色互动以学习应对策略。这种交互式体验不仅能深化学生对自身情绪的理解与管理能力，还可有效培养情感智力。典型应用场景包括：① 通过 VR 模拟社交场景缓解社交焦虑；② 在虚拟高压考试环境中训练情绪调节能力；③ 采用暴露疗法治疗特定恐惧症。

2. 个性化教育方案

依托人工智能（AI）与大数据分析技术，心理健康教育可实现真正的个性化定制。通过持续追踪青少年的行为数据与情感状态，教育者能精准识别个体需求，据此设计针对性干预方案。

AI 系统的典型功能包括：① 情感状态实时监测与预警；② 动态推荐定制化心理资源（如抑郁倾向者自动获取自助材料）；③ 智能建议咨询转介机制。

3. 在线心理服务体系

远程医疗的普及使青少年能够突破地域限制，便捷获取专业心理支持。在线平台通过连接用户与资深心理咨询师，实现以下优势：① 消除地理障碍，服务资源欠发达地区，提供 24/7 即时响应机制；② 缩短服务等待周期，强化早期干预。

技术创新将使未来心理健康教育呈现三大特征：① 教学手段的沉浸化（VR/AR）；② 干预方案的精准化（AI 分析）；③ 服务网络的泛在化（在线平台）。

这种转型不仅能提升青少年的心理韧性，还将为教育工作者提供强大的决策支持工具，最终构建更高效的心理健康服务体系。

第三章

青少年心理问题的四维预防

哈佛大学公共卫生学院研究显示，每投入 1 美元在预防性心理健康教育上，可产生 11 美元的社会效益回报。反观危机干预，美国心理学会统计显示，单个青少年严重心理危机的全程治疗费用平均达 3.2 万美元，相当于预防性项目覆盖 300 名学生的年度预算。

预防体系培养的心理韧性具有持续增值效应。新加坡教育部跟踪研究发现，参与过情绪管理课程的学生，在 10 年后的职场适应力评分比对照组高 47%，这种能力提升带来的经济效益呈指数级增长。

心理危机导致的学业中断、家庭功能紊乱等间接损失常被低估。英国国家医疗服务体系（NHS）测算表明，1 例青少年抑郁症引发的连带社会成本（包括父母误工、特殊教育支持等）是直接医疗费用的 2.8 倍。无论从经济效益还是人性关怀的角度，我们都应重视预防，把青少年心理问题遏难于未发。

第一节 家庭预防

一、陪伴成长

二十世纪六七十年代出生的人，在贫困中长大，很少有心理问题，而现在的青少年为什么出现这么多问题？多年的教育实践让我找到了答案。就是父母教育孩子的时间少了，尤其是在最重要的头六年时间里，父母跟孩子在一起的时间很少。当这个成长环境被破坏了，人性就乱了，之后再去教育就很难了。

1. 早年家庭养育的重要性

著名的犯罪心理学家、中国预防青少年犯罪研究会副会长、中国家庭教育学会常务理事李玫瑾教授，在其著作《心理抚养》一书中把孩子比喻成一台电脑，将早年家庭的养育和后天的学校教育比喻成系统软件（比如 Windows 操作系统）和应用软件（比如 Office 办公软件）。人刚生下来就像裸机，如果没人给它装系统软件就无法运行。家长是孩子的系统编程员，所有人一出生就需要有人为他进行系统软件的编程，比如吃饭的方式、语言表达方式、与人相处的方式，最重要的是如何做人。家庭为孩子编写程序，最关键的是人生的第一个六年。从人生的第二个六年开始，父母把孩子送到学校去接受教育，学校开始加入人的软件编程过程。在学校里，老师往学生的脑袋里安装文字处理、数据处理等各种应用软件。对大多数学生来说，这个过程要持续到人生的第三个六年才结束，即十八岁。虽然人一生可以安装很多软件，尤其是应用软件，但对每个人意义最深远的仍是最初家长给装的系统软件，这是之后所有应用软件的基础。如果系统软件最初在设计、编程时有漏洞和缺陷，就会影响电脑后来的使用。系统软件一旦有漏洞，免疫力就会下降，很容易被人攻击，植入病毒，导致瘫痪。人也一样，如果早年的家庭养育有缺陷，在成长过程中容易麻烦不断，甚至半路夭折。家庭的养育比随后的教育更重要，更基础，更具深远的影响。

随着社会的发展，家庭功能在淡化、削弱。这虽然是一种客观趋势，但我们绝不能等闲视之。家庭功能淡化最突出的表现就是：由于工业生产带来了生活都市化、职业社会化的趋势，使得社会的最基本单位——家庭受到前所未有的冲击。从结构上看，家庭已由大变小，如中国已从四世同堂、三世同堂变成核心家庭（只有父母与一个孩子的小家庭）。从时间上看，家庭时间（指家人在一起的时间）也在由长变短。在农业社会里，人们日出而作，日落而息，背着孩子下地，同出同进，家人相处的时间很长。进入工业化社会后，生活都市化，职业社会化，父母上班要出门在外，还经常白天工作、晚上应酬，导致许多孩子在出生后不久就要每日与父母特别是母亲分离，要么找人代为照顾，要么被送进幼儿园。上学的孩子也是如此，每日与父母相处的时间平均也就4小时左右。

从人的心理发展来看，人在出生后的1-2岁内主要发展的是行动能力和言语能力，其间的行为大多是自发的，并在大人的奖赏或惩罚中得到鼓励或抑制。但是，从3岁起就开始出现一种认同倾向，即不自觉地模仿身边的大人，将他看到的大人的种种行为复制出来，并逐渐变为自己的行为方式，比如照顾小娃娃、模拟大人的说话口气等。这时的行为模仿犹如在一张白纸上画出的最初印迹，深刻而难以抹去。父母或其他抚养人是否具有同情心，是否乐于助人，是否坚持原则，是否自信，是否具有良好的品德，甚至他们喜欢看的电视节目，都会影响孩子未来的人格发展方向与道德水准。这种最初的印迹往往伴随一个人终生。所以，家长不要错过孩子六岁之前的养育过程，不要等孩子上学后，指望由老师去解决孩子的各种心理问题。

2. 陪伴与挣钱的矛盾

既要陪伴小孩成长又要工作挣钱养家糊口，对年轻的父母，尤其是农村父母而言是不小的挑战，这不单是从家长单个层面能解决的，需要政策支持、经济发展、社会服务、家庭教育和技术手段相结合，才能有效解决这一矛盾。人民日报视频号有一个短视频，我刷到后感动到哭了。视频中，一个小孩哭着让自己的父母不要出去打工，以下是孩子和父母之间的对话：

孩子：可不可以不出去嘛？

妈妈：爸妈出去上班要给你挣钱。

孩子：你们不用给我挣钱，我不用钱。

爸爸：要买衣服，要买好吃的、好玩的呢。

孩子：我不要这些，我不要好吃的、好穿的，我想你们陪着我嘛。

爸妈：其实爸妈也舍不得你。

孩子：舍不得，你们就不走，我们少用点不就行了吗？挣那么多钱干啥子呢？我们一家人在一起，哪点不好。

声音稚嫩，言辞恳切，小小年纪，似乎什么都懂，对很多问题的认识，似乎比大人还深刻，直达本质。我想每一个父母都应该看一看这段视频，来听一听孩子的心声。然后想一想，到底什么才是最重要的。钱以后还可以再挣，但孩子的成长只有一次。

在人的成长过程中，亲情的陪伴比金钱重要得多，孩子早年最需要的不是家里有钱，而是一个温馨的家。只要有父母在身边陪着，哪怕家里并不富裕，孩子也会感到幸福。与其给孩子挣钱，不如陪伴孩子；与其给孩子存钱，不如教孩子如何为人处世。

据我所知，我国的一些知名大企业家，如任正非、雷军、董明珠、俞敏洪等，小时候家里并不富有，甚至是贫困，但他们不缺父母的陪伴。新东方教育科技集团董事长俞敏洪，出生于江苏省江阴市夏港街道葫桥村，父亲是个木匠，为人宽厚，生活俭朴，钱财上的事很少和人计较，在当地口碑不错。俞敏洪的身上其实有他父亲的影子，新东方做得很大了，他也没什么架子，被员工称作平民总裁。新东方上市以后，他把一些股份给了很多一起创业的人，让大家一起分享企业的成长。对俞敏洪影响最大的是他的母亲，他母亲去过纺织厂打过工，但后来还是选择回乡下陪伴儿子成长。她在村里当生产队长，为人很强势，也很善良。有时候遇到天气不好，要抢收粮食，母亲宁愿自己家里的稻谷被淋着，她也要先帮别人把粮食抢收回来。后来俞敏洪两次高考落榜，都是他母亲坚持让他继续复读。特别是最后一次，为了给他报上复读班，母亲冒着大雨去求人，最后摔了一身泥回来了，但是一进门还是兴高采烈地给儿子报喜："儿子，搞定了！"父母没给他多少钱，但父母身体力行表现出来的勤劳、善良、勇敢、乐观、坚持等为人品质潜移默化地影响着他，这是金钱买不到的。具备这些品质的青少年，在他们成长的过程中不论遇到什么挫折，也很难出现心理问题。

而很多父母并不是这样做的，他们觉得，我出去挣钱，在生活上尽可能满足你，你要什么，我就给你买什么，我很辛苦挣钱，那你就要在学习上给我拿高分。最终的结果，有的孩子是为父母而读书，缺乏内驱力、意志力、抗挫力，父母与孩子的心理距离越来越远，近乎对抗，孩子多少会有些心理问题。

现在这个社会，很多人都在追求物质，想要更大的房子，想要更好的工作，想要更多的钞票……他们为此辛苦打拼，有的挣得万贯家财，却发现家里的宝贝丢了，孩子已成了陌路人。

我遇到过不少这样的家长，自己做生意，挣了不少钱，或拼命工作当上了不小的官，却发现儿子因为叛逆、早恋、在外打群架，在学校多次犯错，甚至待不下去了。当父母意识到问题的严重性时，已经迟了，想教也难教好了，想管也管不了了。

我在农村及县城高中工作过十六年，相比现在，有心理问题的学生人数可以忽略不计。那些年，我的学生中有不少贫困生，有的连学费都交不起，生活也是吃了上顿没下顿。正因为如此，我个人及学校、国家给予过这些孩子一些力所能及的帮助，我们也因此结下了深厚的师生情谊。这些孩子在家有父母陪伴，在校有老师的疼爱和鼓励，他们不缺爱，他们发奋努力，战胜一切困难，长大后事业有成，懂得孝敬父母，感恩师长，努力工作，创造佳绩，回报社会。作为他们曾经的老师，我深深感受到当老师的温暖，并为他们的健康成长和担当而骄傲和自豪。

案例

小周同学是典型的缺乏父母陪伴而导致有一定心理问题的孩子，也是我最近几年重点关心帮助的学生之一。下课铃一响，她会立刻离开教室，来到我的办公桌旁聊天或撒娇。我注意到她很少和班上同学交往，上课和在我身边时经常咬手指，十个手指头总是被咬破。我推测她可能有心理问题，试着进行了一次深入交流。小周叙述了她的伤心往事：读小学时，父母工作太忙，只好把她送进了一所贵族学校读寄宿。由于生性胆小，多次被身形高大的学生拦路索要钱财，不给钱就得挨揍，使得她不得不千方百计逃避这些同学。难得有机会回家告诉父母，而父母的回答是："一个巴掌拍不响，你不理他们就是了。"到小学五年级的时候，她又遭到了霸凌，多次被几个同学压在床上脱掉裤子打屁股。自此以后，她害怕说错话、做错事，怕和同学交往，处理同学关系时的理念是：“关我什么事，与我无关。”一个学年下来，班上的同学也认不了几个。

3. 有价值的陪伴

心理学实验发现，在给初生婴儿提供的各种图片中，婴儿对人脸给予更多的注视和微笑。当抚养人与婴儿接触一定的月龄后，婴儿会对其产生依恋关系。每当亲人离去，婴儿会出现负性的情绪反应，而当陌生人出现或走近时，会出现警觉或恐惧反应。婴儿这种社会性微笑、恋亲反应以及对陌生人出现的拒绝反应等，都表明人在出生后的早期最先发育的是情绪情感活动。当婴儿这种最初的情感需要得到良好满足时，就会产生安全感，并形成友好、温和、善良的性格。抚养人不仅要给予微笑、拥抱，还要给予一定的言语刺激。对婴儿的轻声细语既是情感抚育的一部分，也为婴儿今后的思维发展和社会交往能力奠定基础。如果抚养人缺乏对婴儿温柔的言语刺激，孩子在以后的成长中就容易出现语迟、不善于表达等特点，并由此导致不善于与人交往、心理活动内倾的孤僻性格。孩子对父母的依赖和情感的需要得到了满足，长大了就是一个自信乐观温暖的人。所以婴儿出生后的一段时间内必须保持相对稳定的抚养人，经常更换抚养人不利于婴儿的情感教育，抚养人的变换不利于孩子依赖情感和社会交往情感的培养。其次，父母的榜样作用也被削弱了，取而代之的是代管人员，如保姆、幼儿园里的老师，甚至是电视。人的心理发展有顺序性，未成年人的心理问题有滞后反应性。人的成长大致有三个时期，即1—6岁、6—12岁、12—18岁。12—18岁时，人已经进入青春期，其独立意识与逆反心态决定了这一时期已经不是家庭教育的优势时期。所以，家庭教育的最佳时期是12岁之前，即依恋期。在依恋期中，1—6岁又最为关键。任何生命都是过程，任何过程都有开始。生命发展是轨迹式，人的命运取决于早期。也就是说，从7岁孩子的身上可以看出他一生的行为发展模式。

现代心理学在研究人的心理发展过程中也指出，人格的核心部分——性格，其形成的主要时期就在人出生至青春期之间（0—12岁）。心理学研究发现，人类个体在生命的早期是相当脆弱和无能的，其生存本领甚至不及一些低等动物。人在出生后最初的几个月里完全要依赖他人，不仅需要他人提供一定的食品和衣物，还需要他人提供情感抚养，而情感抚养恰恰是人格形成的关键所在。

0—2岁前，小孩的哭可能是饿了、哪里痛了、要撒尿了，纯粹是身体的需求；而3岁以后，他的哭闹就是有明显目的的需求。如果每次满足，一味纵容，小孩会变得蛮横不讲道理。敢于说“不”，等他哭够以后，给予适当安抚，和他讲道理，并告诉他将来有需求就要讲理，哭闹是不会满足你的需求的。这样长大的孩子就会有理性，爱思考。所以，面对孩子的无理取闹，父母一定要说“不”。其他的抚养人，爷爷奶奶因为心疼孙子，多数会满足要求；阿姨为了小孩不吵闹，不会说“不”。所以最好的陪伴和抚养人是父母。例如，小孩看上别人家的玩具，或逛商店看上的东西，硬是哭着要占为己有，你说“不”，孩子会哭闹。你让他哭够，等他平静下来了，你抱抱他，告诉他，哭闹是没有用的，有需求，要讲道理，有理才会满足他的需要。

我教的一个学生，高中时候与语文老师因为作业的事情闹情绪，甚至躺在地上打滚哭闹，语文老师很着急，叫我过去帮助处理。我的处理方法还是让其哭闹，让同学看热闹，等他平静下来后再和他分析他所作所为的各种弊端，从此他在学校再也没出过这样的表现了。

0—12 岁之间，父母或爷爷奶奶要教小孩学会分享，心中有他人（如吃东西，先要教会他分享给身边的亲人、同学、同伴等），自己的玩具可以给别的小朋友玩，鼓励他们一起玩。这样长大的孩子才会心中有他人，不会那么狭隘自私。

12 岁前，父母应该帮助孩子在自然发生的挫折时，建立健康的应对方式和成长型思维。孩子刚学走路时，跌倒很正常，鼓励他想办法自己站起来；孩子偷懒不想走要抱时，不要老抱着走，应鼓励孩子尽量自己走；孩子玩拼图时拼不好，家长不应该直接帮孩子拼好，而应该引导孩子观察思考努力拼好，并对其过程进行肯定；当孩子竞选班团干部落选时，不能说“是他们没眼光，不当更好”，可以在家庭内部鼓励孩子模拟竞选，提出改进建议，下一学期再去竞选等。总之，通过多种应对挫折的训练，让孩子形成“跌倒—分析—调整—前进”的良性循环机制，这种心理韧性将会在青春期形成稳定的神经可塑性，成为终身受用的核心能力。

当今时代普遍有这样一个观念："男孩要穷养，女孩要富养。"我认为不论男孩还是女孩，小的时候要经历过一些磨难，要经历过一些挫折才能健康成长。你看有些家庭，爸爸妈妈有病，孩子特别懂事。为什么呢？因为他从小就要照顾爸爸妈妈，所以他从小就会心里想着别人，放学第一件事就是往家跑，觉得他早一点回家的话，爸爸妈妈就有人帮忙了。所以你会发现，这种生活上比较艰难的孩子反而特别懂事，心中有他人，才会有同情心、同理心，懂得感恩。

（1）用"质量"弥补"数量"。年轻上班族的父母无法长期陪伴孩子，可以尝试用"质量"弥补"数量"。

专注陪伴：即使陪伴时间有限，也要确保每一次相处都是专注的。每天抽出 15—30 分钟全身心投入（如睡前故事、共进早餐），陪伴孩子时避免分心看手机。

固定特别活动：每周安排一次"特别活动日"（如一起做饭、散步聊天），增强孩子的期待和安全感。

关注情感需求：通过观察和提问（如"今天最开心的事是什么？"），及时了解孩子的情绪变化。

在陪伴孩子的过程中，一定要注重用心参与。有的父母自己只顾刷手机视频或玩游戏，只是形式上的陪伴；面对孩子提出的问题，爱理不理。在农村，父亲外出打工，母亲在老家陪伴孩子，但有些母亲不舍昼夜地玩牌，在家仅仅给孩子做点吃食，可以说是"养而不育"。

（2）构建稳定的替代支持系统。选择可信赖的照顾者时，应优先考虑祖辈、亲友等孩子熟悉的成年人，以保持养育方式的连贯性；若需选择托管机构，建议挑选注重情感关怀的场所，并定期与老师沟通孩子的状态；同时，应培养孩子的社交圈，鼓励其结交同龄朋友，参与集体活动（如运动队、兴趣班等），帮助建立归属感。

（3）灵活利用“远程陪伴”。可借助科技手段保持日常联系，远程参与孩子的重要时刻（如作业辅导、兴趣活动等），让孩子感受到父母的关注；还可录制鼓励的话语或故事传递给孩子，使其随时听到父母的声音；建议与孩子同步日程安排（如“妈妈周三晚上和你视频”），以减少不确定性带来的焦虑。

（4）培养孩子的心理韧性。坦诚沟通：用孩子能理解的方式解释父母的忙碌（如“爸爸在建造大楼，就像你搭积木一样重要”）；赋予责任与自主权：根据年龄分配适当的小任务（如照顾植物、制定学习计划等），以提升成就感和独立性；建立情感表达习惯：准备“心情日记本”或“留言板”，鼓励孩子用文字或图画表达感受；长期分离（如异地工作）：定期邮寄手写信件或小礼物，制作家庭相册，帮助孩子具象化父母的存在；单亲家庭：明确告知孩子“父母分开不是你的错”，并鼓励其与父亲/母亲保持健康联系（若安全可行）。

（5）关注预警信号。若孩子出现以下情况，需及时调整或寻求专业帮助：成绩骤降、社交退缩，过度讨好他人或情绪暴躁、睡眠失调、反复生病等。

总之，孩子最需要的不是父母“时刻在场”，而是感受到稳定的爱和支持。通过真诚的沟通、有温度的互动和可靠的生活环境，即使父母无法全天陪伴，孩子依然可以建立安全感，发展健康的人格。父母也需放下过度愧疚，专注在可控的范围内做到最好。

二、营造和谐家庭环境

1. 家庭变故不利孩子成长

心理学研究表明，稳定的抚养关系能为儿童提供情感依恋基础。突发性家庭结构变化可能导致安全感缺失，而长期冲突的家庭环境同样会损害儿童心理健康。家庭冲突（无论是否离异）产生的压力激素（如皮质醇）会影响儿童神经发育。

家庭是人类的摇篮。每个人都是在家庭中从一个不谙世事的“生物体”（婴儿）成长为能够独立进入社会生活的“社会人”。尽管成长过程中还会经历幼儿园、学校及职场，但无论个体社会关系网络如何扩展，家庭始终是这一网络的轴心与归宿，直至个体成熟、独立并组建新的家庭。因此，家庭是人格教育的关键场所，而和谐稳定的家庭环境是实施良好人格教育的前提。

当家庭出现裂痕或结构残缺时，最大的受害者是依赖父母的孩子。儿童难以理解父母的情感变化：目睹父母不和，会从最初的恐惧不安发展为厌烦家庭；面对单亲缺失，会由悲哀委屈衍生出被抛弃的羞耻感，进而产生怨恨、不信任甚至敌视心理。这正是破裂家庭中成长的孩子易形成孤僻、冷漠或愤世嫉俗性格的重要原因。

婚姻虽是男女二人的结合，但育有子女的家庭已不仅是二人世界。人类在发展历程中早已认识到这一点，因此通过法律、宗教信仰、道德规范和社会舆论等多重机制维护婚姻稳定。

家庭稳定是塑造青少年健康人格的基础，而父母的修养水平则直接影响子女人格发展。作为人生第一任教师，父母不仅传授生活常识，更通过言传身教培养子女的社会化能力。人类作为社会性存在，除需掌握学校教育的知识技能外，还需通过非知识性培养形成健全人格——包括生命意义认知、人际关系处理、是非善恶判断、共情能力、法律意识及行为责任感等。这些素养无法通过考试强制习得，唯有依靠日常生活的潜移默化。

每个拥有幸福童年的人，记忆中必然存在一个温暖的家庭。父母恩爱与对子女的慈爱，是儿童幸福成长并形成健全人格的关键前提。然而在现实中，这一基本逻辑常被各种因素破坏：以“追求真爱”为名插足他人婚姻、轻率结婚离婚、未婚先孕、功利性婚姻、情感背叛等。这些不负责任的行为，最终承受最深重伤害的永远是孩子。

2. 结婚生子需慎重

父母没有“实验期”，当父母明白心理抚育的道理时，可能已经错过了最佳的教育时期。因此，心理学，尤其是发展心理学，应该作为准父母的必修知识。有条件者建议阅读《发展心理学》

和《儿童心理学》。各社区或医院在进行孕期教育时，应增加关于父母如何对孩子进行心理抚养的同步指导。如果父母能及时补上这一课，了解哪些因素对孩子至关重要，孩子今后的人生可能会更加顺利。

青少年的“心理问题高发期”多在12岁至18岁之间。然而，这一阶段的行为问题和相关心理问题往往源于12岁之前，且大多与父母对孩子的抚养方式有关。健康的人生需要养生，更需要养心。人在幼年时期尤其需要父母的心理抚养，因此在成为父母之前，请认真思考以下问题：

（1）是否有足够的时间陪伴孩子成长？如果夫妻二人急需挣钱或事业过于繁忙，如果母亲没有时间哺乳，那么建议暂缓生育。否则，极有可能当你们挣到钱时，孩子已沦为败家子；当事业成功时，孩子却与你们形同陌路。在准备怀孕和养育孩子时，务必做好心理准备。孩子出生后的第一年，无论多么辛苦，一定要亲自抚养。在孩子依恋期内（12岁之前），尽量不让他（她）离开你的身边。

（2）是否有足够的耐心陪伴孩子？如果年轻夫妇仍然只渴望被照顾，却不愿照顾一个吃喝拉撒完全依赖他人的婴儿；如果他们对生活琐事缺乏耐心且极度排斥，那么最好不要选择为人父母。在孩子12岁之前，依恋现象会持续存在，且年龄越小，依恋性越强。父母对孩子的心理影响力与控制力，不取决于收入、知识水平或事业成就，而取决于你在孩子生命初期付出的辛劳有多少，以及在他依恋期的陪伴时间有多长。

（3）是否了解孩子心理发展的基本阶段？每个阶段需要父母做什么？心理抚育的内容哪些应优先，哪些可后续跟进？哪些是基础性的心理抚育，哪些会影响孩子的一生？如果对此一无所知，又缺乏学习兴趣，建议不要轻易成为父母。如果认为孩子出生后会自然成长、自然懂事，结果一定会让你失望。若心理抚养缺失，电视、网络便会成为孩子的“老师”。等到孩子身上出现种种问题时，再补救为时已晚。

如果以上三个方面你已做好充分准备，那么恭喜你，可以迎接养育孩子的挑战了。

3. 为单亲孩子营造安全的家庭环境

单亲家庭抚养孩子确实面临独特的挑战，但通过科学的方法和足够的关爱，孩子依然可以身心健康地成长。以下是一些关键建议，帮助单亲父母为孩子营造一个充满安全感与支持的成长环境：

（1）避免贬低另一方。用孩子能理解的语言解释家庭变化（如“爸爸妈妈分开生活，但依然爱你”），避免贬低另一方或制造仇恨。在我的帮助对象中，有一个孩子患有重度抑郁，另一个有严重社交恐惧，究其原因，都与家庭离异后父母关系处理不当、一方贬低另一方并制造仇恨密切相关。两个家庭的共同点是，离婚后母亲不断否定父亲，将父亲的一些不当行为毫无保留地告诉孩子，并贬低父亲一方的亲属，将其说得一无是处。母亲只顾嘴上痛快，缓解了自己内心的痛苦，却将痛苦的种子埋在孩子心里，最终生根发芽。

案例

有个患有严重社交恐惧的孩子，小学时母亲就告诉她："爸爸重男轻女，在外面找了女人生了儿子，所以抛弃了我们。"小女孩渴望父爱，渴望爷爷奶奶的温暖，小学和初中时特别勤奋，成绩优异。她努力学习的目的是赢得父亲的爱，希望父亲回归家庭。但随着年龄增长，她发现即使成绩再好，也无法改变父亲"女孩不如男孩"的观念。雪上加霜的是，有一次她听到奶奶和班主任通话，奶奶说她情商低、不孝顺。从此，孩子觉得人生毫无意义，努力没有目标，不愿与人交往。尽管她考上了名校，但仅坚持一年便辍学。至今已有五年，她仍将自己封闭在家中，由母亲照顾。

作为离异后抚养孩子的一方，贬低另一方是养育孩子的大忌。

（2）避免情感绑架。不要将孩子作为情感寄托（比如"妈妈只有你了"，甚至对孩子说"你不努力读书，我就看不到希望"），避免让孩子过早承担成年人的情绪负担。明确告诉孩子："父母的分离与你无关，不是你的错。"

（3）稳定环境是安全感的核心。保持规律的生活节奏，固定作息、用餐和亲子互动时间，例如每周六定为"家庭电影夜"，通过可预测的日常减轻焦虑。共同制定家庭规则，让孩子参与制定家务分工或零花钱规则，既能培养责任感，也能增强他们对家庭的归属感。

（4）弥补角色缺失，做好榜样引导。非抚养方父（母）要常去探望陪伴孩子，弥补角色缺失。根据《中华人民共和国民法典》的规定，不直接抚养子女的父或母有探望权，另一方有协助义务。抚养方不能随意拒绝另一方的探视权（除非可能对孩子造成伤害）。

引入多元人际关系。单亲妈妈家庭可通过叔叔、舅舅、学校男教师等提供男性榜样；单亲爸爸家庭可通过阿姨、女性导师提供女性关怀。选择性别平等的绘本或影视作品（如《疯狂动物城》《冰雪奇缘》），展现多样化的角色可能性。

避免强行替代，不要求亲友“扮演父母”，而是让孩子自然接触不同性别的成年人，形成对人际关系的健康认知。

（5）单亲父母的自我关怀。管理好情绪，每天留出 15 分钟“自我充电时间”（冥想、散步、听音乐），避免情绪枯竭影响孩子。加入单亲父母互助社群，分享经验并获得情感支持。

（6）应对外界压力。赋能孩子的社会适应力，提前演练社交场景，通过角色扮演练习如何回应“你为什么没有爸爸/妈妈?”等问题，例如：“我家只有妈妈和我，但我们一起做了很多有趣的事!”选择包容性教育环境，与教师沟通家庭情况，关注学校是否有单亲主题的班会或绘本分享，减少孩子的特殊感。

（7）警惕过度补偿，在爱与规则间平衡。避免物质补偿陷阱，用“每周一次自主购物（限额内）”代替随意满足物质需求，培养孩子的财商和延迟满足能力。明确责任边界，比如“妈妈负责工作养家，你负责认真学习”，避免孩子因过度体谅父母而压抑自我需求。

单亲家庭的挑战往往源于资源分配与情感负荷，而非家庭结构本身。关键是通过稳定的爱、清晰的边界和开放的环境，让孩子感受到家庭的形式虽有不同，但爱的质量从未改变。记住，孩子的适应力远超想象，父母的从容与乐观才是他们健康成长的最强后盾。

三、接纳孩子的与众不同

孩子的差异性是成长过程中的自然现象。受多种因素的影响，孩子天生在身高、体重、运动能力（如体能强弱、协调性差异）和大脑发育速度（如语言、逻辑思维能力）等方面存在差异。有的孩子天生好动，坐不住；有的天生好静，懒得动；有的乖巧懂事，有的桀骜不驯；有的擅长听觉学习，有的擅长视觉学习；有的动手能力强，有的较弱；有的喜欢独处，有的社交活跃；有的易焦虑，有的情绪稳定。这种差异与生俱来，并非“优劣”之分，而是多样性的体现。

在这个过程中，我们需要认识到，每个孩子都是独一无二的个体。他们的兴趣、梦想和才能各不相同。教育不应仅仅是填鸭式的知识灌输，更应是引导他们发现自我、追求梦想的过程。我们需要创造一个更加包容和多元的环境，让每个孩子都能在自己的领域中发光发热，而不是单一地追求学业成绩。

动画电影《哪吒之魔童降世》中，几乎每个人都能从中找到共鸣点——亲情、友情、成长教育、反霸权等。作为教育工作者，我想谈谈这部电影带给我们的教育启示：电影里展现了三个家庭，三种教育模式。哪吒家庭模式就是接纳孩子与众不同的正面教育案例。哪吒是魔王转世，一出生就被贴上了“顽劣”的标签。他生性急躁冲动，喜欢天马行空，不受约束，在传统的教育观中他就是问题孩子。其实哪吒身上有很多优点——敢作敢为、勇于担当、充满正义、有情有义，但这些闪光点在现实中往往被忽视。

哪吒的父母李靖夫妇选择无条件接纳孩子，外界的评价丝毫没有影响他们对孩子的爱。哪吒因为天生力气大，没人跟他玩，李靖夫妇就不怕危险、不怕受伤，陪孩子踢毽子；哪吒有些叛逆，他们选择包容等待，给予足够的耐心。母亲在生命的最后一刻，拼尽全力拥抱这个浑身是尖刀的儿子，把母爱表达到了极致。母亲告别的话让很多人泪目：“和你度过的每一天，娘都很开心。娘从没在乎过你是仙是魔，娘只知道你是娘的儿，是仙是魔都是娘的心头肉。”这句话道出了多少父母的心声。抛开世俗偏见，无条件接纳自己的孩子，接纳他的与众不同，爱他的与众不同，让他做真实的自己。这种接纳和爱最终使哪吒成长为一个顶天立地的男儿。

本剧的编导饺子与哪吒就有相似之处。饺子本是学医的，医学院毕业后不去医院工作，在家做动画。周围人都说他不务正业，有人说他脑子有问题，朋友也好心相劝，但饺子没有动摇，因为热爱所以坚持。做动漫的前几年几乎没有任何收入，母亲虽然不理解，但选择支持，甚至用退休金资助他。饺子说：“父母的支持是我坚持梦想的最大动力。”最终他创作出了这部震撼人心的作品。

申正道生来是妖，生活在社会底层。他希望他的孩子通过拼搏实现阶层跨越，这也是中国大多数普通家庭的真实想法。这愿望无可厚非，常人应该特别能理解。没伞的孩子只能拼命跑，当今社会，当整个蛋糕不再迅速变大时，万物皆内卷。不少家庭和教育工作者不停地卷自己，同样在不停地卷孩子。

作为家长和教育工作者，我们教育孩子要努力上进、自律勤奋，但人的能力是有差异的，拼搏是有限度的，只能尽力而为。申正道手拿鞭子，站在又高又细的竹子上，在峡谷里训练徒弟练功，稍不留神就可能掉进万丈深渊。这个镜头令人不寒而栗，他的教育方式值得反思。那些可怜的小妖真让人担心，别说成仙，这么练下去连妖都难做。申正道有句名言：“觉得苦觉得累，要恨就恨为什么你们生来就是妖，拼尽全力才有机会逆天改命，得道成仙。”这句话听来特别心酸。

我在想，每个小妖经过严格训练都能修炼成仙吗？精英毕竟是少数，100 年也才出了一个申公豹，成不了仙的小妖难道不能拥有快乐的一生？

在现实生活中，有不少父母感叹，儿女没出息，倒能一辈子陪在父母身边；当父母老了走不动时，还是在身边的儿女靠得住。虽多少有些自嘲，但不无道理。儿女有出息，走得远，或身居高位，无法抽身陪伴父母，对父母而言只是心理上的慰藉。给父母再多的钱，也正像孩子年幼时父母外出赚钱给孩子用一样——孩子更需要的是陪伴，父母年老了最需要的也是陪伴。毕竟普通家庭平凡的儿女占多数，万事都有利弊。我们要接纳孩子的普通，也要接纳孩子的优秀，尤其不能揠苗助长。

尊重每个孩子的独特个性和需求，是建立积极的亲子和教育关系至关重要的一环。每个孩子都是独一无二的，拥有自己的兴趣、特长、弱点和需求。尊重个体的原则不仅有助于孩子的发展，还能维护积极的亲子和教育关系。以下将更详细地探讨如何尊重个体，以及尊重个体的重要性。

1. 接受独特性

首要的是接受每个孩子都是独特的。他们可能有不同的兴趣、天赋和学习风格——有些在学术方面表现出色，有些则在艺术、体育等领域更具潜力。家长和教育者应尊重这种多样性，而非将孩子塑造成符合自己期望的样子。尊重孩子的个性与兴趣，有助于其建立自尊和自信。

2. 提供支持

根据孩子的个体需求提供支持至关重要。有些孩子需要更多关注与鼓励，有些则更独立。识别这些差异并提供针对性帮助（如学术辅导、情感支持或资源倾斜），能助力他们充分发展潜力。

3. 避免比较

青少年时期是自我认同形成的关键阶段。在现实中，许多家长常以比较方式施压，例如指责孩子："你初中同学次次考得好，肯定是你不够努力。"这种教育往往事与愿违，可能引发矛盾或导致孩子消极抵抗。每个孩子都有独特的发展节奏，横向比较易使其产生自卑。建议采用"成长型比较"——与孩子的过去纵向对比。例如，当学生成绩退步时，可分析弱势科目的进步空间，归因于可控因素并给出建议；面谈时，可先肯定卷面、逻辑等细节提升，再指出问题。这种方式既满足青少年对独特性的需求，又提供明确改进方向。

4. 鼓励自我表达

支持孩子自由表达兴趣与梦想，为其提供探索机会（无论是校内还是课外活动）。鼓励创造性表达，帮助他们发掘自身才能。

5. 尊重决策权

根据年龄和成熟度，允许孩子参与决策。例如，我儿子高二时，面对家庭购房选择，他果断建议："买大房子，借的钱我来还。"我采纳了他的意见；后来在升学选择上，我也仅提供方案，最终决定权交给他自己。这种尊重培养了孩子的责任感。

6. 赞扬努力

强调过程而非结果，肯定孩子的努力与成长。这能帮助其建立积极的学习态度，在困难面前保持韧性。

7. 适应需求

灵活调整教育方式。有些孩子需要更长时间适应，有些则需要更多挑战。通过观察和沟通，提供个性化支持。

8. 建立自信

帮助孩子建立自信，鼓励其尝试新事物并相信自身潜力。这种信心是应对未来挑战的基础。

9. 示范尊重

家长和教育者应以身作则，展示如何尊重他人、建立良性互动。身教胜于言传，这对孩子社交技能的培养至关重要。

10. 支持个性化梦想

即使孩子的梦想看似大胆，也应给予支持。可通过参与项目、提供资源或引荐专业人士等方式助力。同时，要营造无压力的探索环境，帮助其设定切实目标，并理解成功是渐进的过程。

通过尊重独特性与需求，家长和教育者能建立积极的亲子/师生关系，促进孩子潜能发展与心理健康。这种互动方式不仅是教育的基础，更是孩子成长道路上的重要支撑。

案例 1

一位母亲有两个儿子。养育大儿子时，由于自己年轻且工作繁忙，投入的时间和精力较少，但大儿子记性好、乖巧懂事，最终顺利成长并成才。尽管如此，母亲仍觉得自己对大儿子付出太少，心存遗憾，因此在小儿子的成长过程中格外用心。为了让小儿子接受更好的教育，她举家从县城搬到省城，从小学一年级开始便在省城就读。从出生至今，母亲一直用心陪伴，期望小儿子能有出色的表现。然而，小儿子记性较差、识字能力有限且脾气较大，但逻辑推理能力强、能说会道，与大儿子的学习表现完全不同。因此，母亲对小儿子在学业上不再作过高期望，而是根据他在听力、语言表达和逻辑推理方面的优势，考虑让他走艺术成才之路（如脱口秀表演）。

案例❷

有一个孩子进入高二后，着魔般地爱上了写小说，将各科学习抛在一边，上课不听讲，也不做作业，整天埋头写小说。这让各科老师十分为难，家长也非常着急。班主任和老师多次劝说，但他依然固执己见。我只好尊重他的选择，并连续读了他写的小说。说实话，他的科幻小说实在不敢恭维，我也没看出多少门道，但为了鼓励他的爱好，我反复阅读并向他请教。他告诉我，未来的志向是写剧本。面对这种情况，我只能说服家长支持他，并建议他去考编导专业生，同时利用寒暑假到湖南师范大学请专家指导并参加专业培训。功夫不负有心人，高三毕业后，他成功考入中国传媒大学，进入心仪的专业。

案例❸

作为班主任，我面向全体学生因材施教。

赏识特长生：

“在高三这一年里，在您的关怀和爱护下，我逐渐成长！是您的照顾让我懂得了学习的重要性。如果没有您，我可能仍对学习持无所谓的态度……”这是一位足球特长生在教师节给我的赠言。

艺体生的管理一直是班主任的难题。他们上课睡觉、讲话、迟到，缺交作业，留长发、戴首饰……有人说过：“一个人最怕的是被人看得起，也最怕被人看不起。”你把我看成仙，我就努力修炼，投入多少心血也在所不惜；你把我看成猪，我要么反抗你，要么自轻自贱，破罐子破摔。因此，在特长生的教育上，我采取“在赏识中规范行为”的方式。运动会是教育体训生的突破口，我全程参与，为他们加油呐喊；在总结表彰会上，我大力肯定他们拼搏争先的精神和集体至上的情操。班刊班报和运动会宣传画是美术生的用武之地，我用心欣赏并适时鼓励。元旦文艺汇演和班级活动是声乐生的舞台，我乐在其中。通过这些活动，我走近艺体生，与他们心灵交流，水到渠成。活动之余，我根据掌握的情况，在适当时机指出不足，规范他们的行为。

调控优等生：

“感谢命运之神让我在中学的最后一年获得留校写‘论文’的机会，因为这是青少年最值得纪念的经历……窗外华灯初上，寂静中我与刘老师默契地留到了最后……”这是一位省文科状元在《论迟到》中的点睛之笔。

优等生理应是品学兼优的学生，但有些人仅仅是成绩优异。他们中有的“两耳不闻窗外事，一心只读教科书”；有的心高气傲，瞧不起他人；有的心胸狭窄，斤斤计较。如何让优等生既品学兼优又发挥榜样作用？我采取“高标准、严要求、无特殊”的方式。例如，一个成绩优秀的学生满足现状，在课堂上讲小话甚至打闹，写作业眼高手低，冬季常迟到。为帮助他改进，我常与他谈心，谈伟人励志、人生目标、责任与奉献。他犯错时我按班规校规处理，绝不特殊对待。响鼓不用重锤敲，一个学期后，他主动找老师谈心，并热心辅导同学，深受同学喜欢。

引导个性生：

“高一时，我曾是一个顽劣不懂事的孩子。中考的失败让我心灰意冷，带着失落走进您的班级。我迟到、逃课、破坏纪律、顶撞老师……而您始终用和颜悦色的态度和循循善诱的话语对待我。老师，在我最绝望时，您用宽容的心包容我的叛逆和轻狂，用耐心指引我走出阴影，重拾信心……”这是一名个性学生在教师节给我的赠言。

高一学生正处于青春期和心理断乳期，常表现出叛逆、轻率、无视纪律等问题。对于这类学生，教师的职责不是打磨他们的棱角，而是以个性智慧为依据，以兴趣理想为指导，引导他们认清自己，扬长避短。我确立了“退一进三”的原则：“退”即宽容、理解和期望，但绝非纵容；“进三”则要求学生对错误的反思要深刻，改正的行动要明显，效果要能为班级提供价值引领。他们的行为可能反复，班主任需保持耐心。例如，一个学生开学时打扮另类，态度粗暴，甚至对家长写“我恨你”。通过“退一进三”的教育，她逐渐进步，不再迟到，作业按时完成，礼仪也大有改观。

四、避免过度和孩子较劲

了解控制与自主之间的平衡。尽管家长和教育工作者关心青少年的幸福和安全，但也要给予他们足够的自主权，让他们学会自己处理问题和做决策。过度干涉和较劲可能会导致青少年感到被束缚和不被尊重，从而加剧紧张关系。相反，鼓励他们承担责任和做出选择，有助于培养他们的独立性和自信心。

在现实生活中，“问题学生”的父母在孩子的教育过程中大多数都过于较劲。甚至有的家长仍然相信棍棒式的家教，因为他们的父母就是这样教育他们的。过于较劲或棍棒式的教育导致父母和孩子之间战火连绵，父母永远也走不进孩子的内心。父母千方百计地想要战胜孩子，孩子也千方百计地想要打败父母。父母可以用身份权威轻而易举地镇压孩子，孩子用各种“摆烂”的方式反抗父母。父母的硬，铸就了孩子的刚，也换来了两败俱伤的结局。

与其如此，我们不妨换一种思路教育孩子。奥运冠军邓亚萍也曾分享过自己教育孩子的一段经历。有段时间，她儿子沉迷网络游戏，并立志将来走电竞这条路。邓亚萍虽然有些忧心，但没有强势制止，更没有否定儿子的选择。她平静且温和地对儿子说：“如果你真的对这个感兴趣，你可以走电竞这条路。”为此，她还专门去了两家国内顶级电子竞技俱乐部，了解他们是怎么训练的，作息是怎样的，并把这些一五一十地告诉了儿子，让儿子自己定夺。结果，儿子认真思考后，果断放弃了电子竞技这条路。所以，真正厉害的父母，都懂得“以退为进”“以柔克刚”。

案例

我儿子读高一的时候，受同学的影响，突然提出来要考托福，去美国留学。就我真实想法而言是不支持的，既然儿子提出来了，也是他的理想，我没有立马反对，而是坐下来和他商讨：“如果要考托福，你必须挤时间去参加培训，还得花些时间去了解美国的文化、风土人情、经济状况等。”我又帮他报了一个培训班，开车接送他参加培训。有一天，他突然对我说：“还是喜欢亚洲文化，不喜欢欧美文化，所以决定放弃去美国留学。”当儿子的想法与我的想法不一致的时候，我没有马上说不，而是坐下来和他商量应该怎么办。如果儿子的实践论证他的想法可行，我还是会全力支持他的。

许多家长都反映自己孩子回家不和父母沟通，父母开不了口，一回家总是把自己锁在书房里，也不知道他在干什么，干着急。如果孩子曾经有想法和父母沟通，而父母总是按自己的想法否定孩子，孩子会认为你不懂他，从此不愿意和父母沟通。我的不少学生和父母说过：“只有我们刘老师真的懂我。”其实我也没有特别去做些什么，而是当儿子和学生有什么想法时，先加以肯定和鼓励（毕竟是他们独立的想法，是长大了独立性的表现），然后一起进行利弊分析，鼓励他们进一步探讨，深思熟虑后作出决策。

与其固执地把孩子逼成一个“随时备战”的刺猬，不如多给孩子一些接纳与理解，多给孩子一些体验的机会，用爱感化孩子，用“静水流深”的力量赢得孩子。跟孩子针锋相对，只会两败俱伤；跟孩子并肩而立，才能奔赴双赢。

有段话说得特别好：铁一样的教育，最后落在孩子身上，都会跟水一样绵软无力；水一样的教育，最后落在孩子身上，都会跟铁一样刚劲有力。

五、全方位教育

1. 生活教育

当今多数家长死死地盯着孩子的学习成绩、班级年级排名，孩子一出生就谋划着各个好学校，甚至打肿脸充胖子买学区房或学位房。而真正懂教育的家长和孩子除了聊学习外，还应该聊生活爱好、生活情趣、生活技能，让孩子成为一个爱生活、懂生活、会生活的人。例如父母一起领着孩子做饭、包饺子、搞卫生，把家里的部分家务分派给孩子。知识是可以跨越的，但生活没法跨越。成长比成绩更重要，成绩可追求不可强求，但人格、性格的培养我们可以设计。怎样保证孩子人格完整、性格完整？就要从培养他们热爱生活、懂生活、会生活做起。

我家儿子 4 岁半的时候，每次吃完饭，我都要求他把桌凳移回原来的位置；12 岁时，个头长过洗碗池的高度，就开始承包洗碗；和父母一起购物，他就负责提东西……承担力所能及的家务让他明白，作为家庭成员之一，他有义务完成这些事，这有利于责任心的培养。长年的习惯养成后，体育课后他总不忘帮老师收捡运动用品，打扫班级卫生任劳任怨，赢得了老师的肯定。高中时期参加模拟联合国活动，每场活动后主动清理会场、还原桌凳，赢得评委的一致好评。回国度假时，饭后还是不会忘记洗碗。现在成家了，他主动承担部分家务，也有利于建立和谐的夫妻关系。

2. 生存教育

我觉得我们现在教育当中最值得反省的是，我们一直有一种精英教育的思维模式。我们的教育是金字塔型的，到了塔身一半以上，人就越来越少，下边的人全有挫折感。从上学前班开始就是奔着分数、考名牌大学去的，人最基本的生存知识却学得不多。近些年我们农村地区学校学生越来越少，除生育率低外，大家的说法是——只要是家里条件好一点的，或有关系的，小孩都送进城读书了；有些小孩到了城里找不着北，却也回不去了。曾经有一个大学生很优秀，以当地第一名的成绩考到北京，他爸妈就跑到广东去打工、捡破烂，一个月给他寄 2000 元。但这些钱不够他花，于是他自己也出去打工，结果耽误了很多课。他很聪明，觉得补考应该没问题，结果延期两三年，最后有一门课没过，拿不到文凭，也不能再补考。他第一个想法就是自杀，因为他在北京找不到工作，县城也回不去了，什么都干不了。但他又想："我要是这么死了，对不起爸妈，他们给过我这么多。"他的想法是抢一笔钱，给父母寄去，然后就自杀，结果他抢钱时被抓了。这是很值得我们反省的，这么好的人才真是可惜了。为什么我们不去搞生存教育呢？一方山养一方人，一方人振兴一方山水，不好吗？现在城市就业那么难，为什么不选择职业学校，学一些生存技能，去振兴自己的家乡呢？当然职业学校也应该提升职业教学能力，让毕业后的学生能有一技之长。

3. 珍爱生命的教育

多数家长都希望孩子出人头地，这无可厚非。也有孩子成绩非常优秀，顺利考上名牌大学，但眼中无光，目中无神，内心狠戾，这样的孩子最后成了父母一辈子的痛。我的一个学生，成绩一直优秀，直到高一还考过年级第一，但伴随着孩子心理问题的出现，她出现了三次轻生的行为。她母亲告诉我（五年来我一直在帮助这个孩子），除了孩子活着就再没有其他的要求了，虽然是被逼无奈，但这也是作为一个母亲最原始的、底层的要求。但我认为，先要教会孩子珍爱生命，父母给了你生命，守住生命，这才是孩子成长的底线。如何培养孩子爱生活、爱自己、爱亲人，珍爱生命呢？我是这样去做的：爱生活才会爱自己，爱父母，爱他人。

首先，可以培养孩子爱美食。不少父母觉得孩子利用课余时间、节假日去学英语、数学、钢琴、舞蹈等才是正事。但我会利用节假日，带孩子品尝各种美食，并教孩子做美食；当孩子长高以后，教孩子烹饪。孩子具备品尝美食的能力，一旦遇到挫折，一顿美食就会带来治愈和温暖，孩子也会懂得珍惜生命中的每一次小幸福。父母陪伴孩子品尝美食和教孩子烹饪的过程中，不仅教会孩子爱生活，而且有利于家人之间的亲情培养。有这样一位日本妈妈，当她知道自己身患绝症的时候，她的孩子还很小，只有三四岁。她用了几个月时间，专门教她女儿学会做饭。一年之后，妈妈离开了这个世界，孩子父亲接受不了这个打击，每天萎靡不振，最后正是这个孩子所做的一顿顿饭菜，让她的父亲从悲痛中走了出来，这就是这位智慧妈妈留给女儿最珍贵的礼物。爱生活的孩子才会懂得爱他人。

第二，教孩子爱动物。比如通过家庭认领流浪狗、猫等行为来培养孩子的责任心、同理心及对生命的尊重和珍爱。在家庭里，如果没有小动物，孩子是最弱小的；但有了小动物之后，小动物是最弱小的，孩子就会变得非常强大，自然而然就会去照顾小动物。比如当家中的狗狗生病或情绪低落时，孩子就会自觉自发地去关心和照顾，就学会了对另一个生命负责，懂得去观察、理解和尊重另一个生命的感受。孩子和动物相互陪伴成长需要花大量时间，照顾小动物自然而然替代了玩游戏的时间。当孩子和动物相处时间长了，感情深了，当动物老去离开时，孩子会很痛苦，从而也懂得爱自己的生命是对父母负责任。

第三，亲情的培养。很多高智商的孩子天天沉浸在书本里，他们缺少真实的生活，从而缺乏对生命现象的感悟——不仅仅是生命珍贵的问题，还有生命个体，尤其是有血缘关系个体之间的情感依恋的感悟。有一位年轻朋友告诉我，她不会被亲戚关系绑架，过年过节她不会去姨、叔、伯、姑、舅等家拜年。我问她为什么，她说当时她家在农村，很贫困，亲戚瞧不起她家。爸爸生病期间，除了小姑好一点以外，再无一个亲戚援助。从小她就觉得只有自己变得强大，才有人依附，否则越弱小越被人欺负。心理学研究指出，童年时期的不安全依恋会延续至成年，影响个体建立亲密关系的能力。所以父母需调整教养方式，兼顾学业与情感需求；节假日组织家族联谊活动，亲友间重视孩子的情感需求，培养孩子的同理心。从小没有被爱和温暖滋养的人，他的心是很难热起来的，也很少去温暖别人。一个有亲情依恋和温暖的人才会爱生活，爱世界，从而珍爱生命。

第四，支持青少年参加亲人的葬礼。就目前现实状况而言，长者过世，即使是曾陪伴青少年成长的爷爷奶奶，多数家长和教育者的做法是不支持孩子参与葬礼，理由很简单，担心耽误课程，担心孩子因悲伤影响学习。但我认为这么做是不对的。发展心理学研究表明，8 岁以上儿童已具备基础死亡认知。刻意回避死亡议题可能阻碍其建立健康的哀伤应对模式，导致“未完成情结”。哈佛大学 2017 年研究指出，参与仪式的儿童在后续心理评估中表现出更好的情绪调节能力。在东方文化中，“孝道”与“慎终追远”是重要的价值观。参与丧礼不仅是告别仪式，更是家族伦理传承的实践课堂。孩子通过观察长辈对生死的态度，能更直观理解生命教育的深意。青少年通过这种实践课堂的生命教育，更会懂得珍爱生命的重要意义。

4. 氛围教育

近代思想家、文学家、学者梁启超先生共有九个子女，他们均在各自领域取得了卓越成就，被誉为“一门三院士，九子皆才俊”。梁先生是怎样引导子女读书的呢？他在家准备了书柜，设计一个读书角，准备一个写字台，然后在写字台上放点心、水果，泡一杯茶，和夫人坐到这个写字台旁边，一人拿一本书，边读边聊着《诗经》《楚辞》，古往今来诸子百家。有了这种氛围，孩子会主动来参加这种活动。首先可能只是好奇或模仿，久而久之，随着知识的积累，孩子在学校作文或成绩上表现出一定的优势，自然会爱上阅读。这时候，喜欢阅读也许就成了孩子一辈子的优秀习惯。没有了父母的督促和管理，孩子照样能好好静下心来读书。

在我三十八年的教育教学生涯中，见过的真正乐学的孩子，父母都是用心为孩子去创造这种氛围的。当然，读书氛围不一定是父母陪着孩子读书，父母在自己的工作领域肯学肯钻，勤勤恳恳，或为孩子布置一个安静、有激励氛围的书房等，都是可行的。而当今不少父母一边给孩子提要求要好好读书，一边自己不是玩麻将就是刷着短视频。有不少孩子在这种嘈杂的环境下成长。

5. 示范教育

中国有个“孟母三迁”的典故：孟子家以前住在坟地旁边，孟子喜欢跟着拜坟人学烧香磕头。孟母觉得不行，要搬家。第一次搬到自由市场旁边，孟子每天学着讨价还价，孟母觉得也不行，再次搬家。后来搬到稷下学宫旁边，看着莘莘学子每天读书学习，孟子也开始读圣贤书，走光明路，于是成就了一代圣人。孟母三迁的故事里边，包含着孩子成长过程中一个至关重要却容易被人忽略的问题，叫“成人榜样”。孟母三迁，迁的不是地理位置、学区房或学位房，迁的是成人榜样。榜样的示范作用能引导孩子潜移默化地成人成才。这启示我们，在孩子成长过程中，可以引导他们去接触一些高人、能人、牛人、冒尖的人。这种接触不在于孩子学到多少东西，而在于他接触了这样的人，开阔了眼界，心里种下了这颗种子。你想让孩子考入好的学府，可以带孩子多去这类学校走走，去感受和体验。想成为这类学校学子的理想自然会在孩子心中生根发芽，这才是真正的内驱力。我带的 2009 届文科班的一个女生，考上了北京的某所大学。大一期间，她多次去过清华校园。大一暑假来看我时，对我说，如果自己的爸爸妈妈在高考前带她去过这两所学校，她高中时肯定会更努力，争取考上清华。

6. 正面教育

思想家梁启超在儿子的教育问题上，是正面教育的典范。梁先生的孩子梁思成和梁思礼在北京街头玩土，马路上来了一辆小车，驾车人姓金，是北洋军阀一名中将。这车没减速，没鸣笛，没避让，并加速冲了过来，把梁思成给撞骨折了，梁思礼被撞得飞了起来，满脸是血。这车没停，没交流，没赔偿，一脚油门就走了，他万万没想到撞的是梁先生家的孩子。这件事当时在北京城引起了轰动，蔡元培先生带着北京各界几百人，上书北洋政府，要求肇事者抵命。这人害怕了，第二天带着金条、银圆跑梁先生家里来道歉、作揖、磕头。梁先生没生气，原谅了他。在协和医院住院的梁思成很生气，和梁先生理论：“肇事狂徒你不收拾，把我弄得在医院躺着，什么事都给耽误了。”梁思成躺在病床上生闷气时，梁先生给他讲了两个道理：第一个道理是，你一直想静下心来读点书，但人也多，事也多，没有时间静下心来，现在这个机会来了；第二，你也忙，我也忙，我们好久没有坐下来聊聊了，我们可以半天读书，半天聊天。后来梁思成在他的日记和回忆录中说，关于人生中最重要的决策，都是躺在病床上做的。他回忆和父亲一边喝咖啡，一边晒太阳，一边聊书籍、聊人生的场景，他感觉特别美好。梁先生把一件特别郁闷、负能量的事件，转化成一个美好、正能量的事件，这叫正面教育。无论我们的生活、学习遇到什么困难，我们都应教孩子们去正面理解，因为小孩不成熟，不全面，对信息加工能力有限。如果家长在家里吐槽抱怨单位不公、社会不公，这个世界不太平，天下黑暗，说者无心，听者有意，长期熏陶，孩子会跑偏的。我听说过高中阶段就出现过“反社会人格”的人，孩子出生都是一张白纸，这是谁的错呢？所以建议家长在孩子成人之前，不要在孩子面前聊及一些同事之间复杂关系或负面消极的事情，也应少带孩子去外面应酬。孩子的三观正在形成期，酒桌上的一些话都是成人话题，孩子也不知道你们是不是在开玩笑，说者无心，听者有意，对孩子影响不好。在孩子成长过程中，我们应尽量正能量引导，正面教育，等他将来思想成熟了，就知道如何辩证地去看待那些负面的东西了。我经常和家长说，孩子在成人之前越单纯越好，保持那份单纯和善良，也就保住了阳光和快乐。

六、心理建设

1. 鼓励和希望

鼓励和希望是培养青少年积极心态和自信的重要元素。家长和教育者可以采取以下方法来为青少年提供鼓励和希望：

（1）积极反馈。及时向青少年提供积极反馈和认可至关重要。当他们取得进步或成就时，表达你的欣赏和赞扬不仅能增强他们的自尊心和自信心，还能激励他们继续努力。赞扬应该具体和真诚，关注他们的努力和进步而不仅是成绩。这样的反馈可以帮助他们建立积极的自我认知，并激发他们继续追求卓越。同时，保持公正和一致的反馈也至关重要，以避免造成误解或偏见。

（2）设定积极期望。为青少年设定积极的期望可以极大地影响他们的自我感知和动力。相信他们有能力克服挑战和实现目标，能够激发他们积极思考和行动。重要的是要确保这些期望是现实的和可达到的，以避免造成不必要的压力。同时，期望应该是灵活的，能够随着青少年的成长和变化而调整。鼓励他们设定个人目标，并支持他们朝这些目标努力。在他们面对挑战时提供必要的支持和鼓励，帮助他们找到实现这些期望的路径。

（3）倾听和支持。一定要了解青少年内心的想法和感受，要征求青少年的意见，保护与尊重青少年的发表意见权和参与权。只有学会尊重青少年，将焦点转换到他们自身的需求，才能让他们拥有更大的成长空间，所以倾听青少年的梦想和目标是极其重要的。这不仅表明你对他们的兴趣和愿望很重视，还有助于建立信任和理解。提供实际的支持和指导可以帮助他们实现这些目标。重要的是要表现出真正的兴趣和关注，而不是仅仅出于义务。鼓励他们分享他们的想法和感受，即使这些可能与你的不同。为他们提供一个非评判性的环境，使他们能够自由地探索和表达自己的思想和情感。此外，家长和教育者应该给予适当的资源和指导，帮助青少年解决实际问题，同时支持他们独立思考和做出决策。让青少年知道他们的梦想和目标是被重视和支持的，这对他们实现梦想至关重要。

（4）鼓励积极思考。帮助青少年培养积极的思考习惯对他们的整体心态和应对能力有深远的影响。引导他们看到挑战和困难中的积极方面，鼓励他们寻找解决方案而不是沉浸在消极情绪中。这包括教导他们如何识别和改变消极的思维模式，以及如何用更积极和建设性的方式看待问题。鼓励他们学习和实践情绪管理技能，如冥想和正念，这些技能可以帮助他们更好地应对压力和焦虑。通过示范和讨论，帮助他们了解挑战是成长和学习的机会，并鼓励他们从经历中寻找积极的教训和机遇。

（5）建立自信心。鼓励青少年建立自信心是他们健康成长的关键。让他们知道，他们有能力应对生活中的各种挑战，失败不是终点，而是学习和成长的机会。这涉及鼓励他们认识到自己的长处和能力，以及提供机会让他们在安全的环境中尝试新事物和面对挑战。强调过程比结果更重要，鼓励他们欣赏自己的努力和成长，而不仅仅是成就。通过角色模仿和故事讲述，向他们展示如何从失败中学习并保持前进的动力。同时，教育他们理解每个人都有自己的节奏和路径，并鼓励他们按照自己的步伐前进。

案例

高一校园足球赛进入了抽签阶段，我班足球队队长抽签抽到最强对手，回教室后垂头丧气，跑进我办公室放声大哭，不停责备自己，原以为自己生日这一天手气应该好的，但还是抽了这最差的签。队员们闻此消息，个个情绪低落，想着放弃比赛。怎么办？为此我们开了一次主题为“与强者对决 鹿死谁手”的主题班会，大家畅所欲言，说出了自己对此次比赛的理解：（1）队员们前期作了大量的战术准备，遇到强队，有可能把不可能变成可能；（2）比赛的目的，与对手较量，相互取长补短，共同提高，从这个角度上说应该是好事，感谢队长抽了好签；（3）我们更应该做好充分准备，加强赛前训练，聘请场外指导，做好后勤服务，期待赛出最高水平，期待这场精彩的比赛。比赛期间师生全程参与，为他们加油。

比赛完后，要及时组织主题班会，把正向的影响传递给全班同学，让大家明白一个道理：人生每迈上一个平台都会遇到自己的对手，要感恩于这样一次相遇。也许始终都不能超越对方，但自己肯定会变得更优秀。只有不抛弃、不放弃，才能不断提升自己。如果遇到难题就躲避，不停给自己找台阶下，最终自己就真的成了懦夫或弱者。这样一场比赛下来，活动的意义远大于活动本身。

2. 推崇积极心态

推崇积极心态对于青少年的心理健康和幸福感至关重要。积极心态有助于培养乐观的态度，使他们更能够应对生活中的挑战和困难。以下是关于推崇积极心态的建议：

（1）培养积极思维。鼓励青少年培养积极的思维习惯，教导他们正确看待挑战和困难，将其视为学习和成长的机会，而不是消极的障碍。积极思维有助于改变他们对问题的态度，并激发解决问题的动力。

（2）学会应对挫折。教导他们如何应对生活中的挫折和失败，向他们解释挫折是成长的一部分，而不是失败的标志。鼓励他们从挫折中汲取经验教训，找到更好的解决方案。

（3）设定目标。帮助他们设定明确的目标，这有助于激发积极心态。设定目标并努力实现它们可以增加自尊心和动力，让他们感到有成就感。

（4）积极沟通。鼓励积极沟通，让他们能够分享积极的想法和感受。积极沟通有助于建立更积极的社交关系。

（5）正面思考。提醒他们正面思考的重要性，教导他们如何通过正面的内心对话来克服负面情绪，增强自信和情感稳定性。

（6）鼓励自我反思。鼓励他们定期进行自我反思，以了解自己的情感和思维模式。自我反思有助于发现潜在的负面思维，并采取积极的改变措施。

(7) 积极角度。强调积极角度对生活的积极影响，鼓励他们看待事物的积极面，享受生活中的美好瞬间，并感激身边的支持和友情。

(8) 身体健康。培养健康的生活方式，包括健康饮食、充足睡眠和定期锻炼。身体健康与心理健康密切相关，有助于维持积极心态。

案例

我还清楚地记得，我儿子由县城到省城求学，在英语学习路上克服困难的全过程。儿子没和城里的其他孩子一样在小学阶段就学习了英语，他是初一才开始学习英语。初三又来到了省城名校，由于底子薄，学习时间短，读说听写能力比省城的孩子还是有明显差距的。儿子不仅有读说听写的困难，同时还要面对同学们笑话的尴尬。当儿子早晨在家反复纠正练习“n”的读音时，我充分肯定儿子的这份努力，并和孩子分析：普通话和英语口语一样，应该是只有相对的标准，同学的口语比你好，应该也不是最好的，要说校园里口语最标准的应该是谁？儿子回答，肯定是外籍老师。与人交往是不是你的强项？你想想，扬长避短，你应该要怎么做？儿子听明白了，从此中餐后就去外籍老师办公室，成了外籍老师的好朋友，不仅是口语，整体英语成绩明显提高。进入高二后，他参与模拟联合国的活动，凭借他的综合表现获得了两个大奖。工作后，因兴趣所向和工作的需要又自学日语，也有不错的表现。

通过推崇积极心态，我们可以帮助青少年更好地应对生活中的挑战，培养乐观和自信的态度。这将有助于他们建立更强大的心理抵抗力，提高幸福感，并在面对困难时更加坚定和积极地前进。积极心态是一个宝贵的心理资源，可以为青少年的成长和发展提供坚实的基础。

3. 示范情绪管理

作为榜样，家长和教育者可以示范积极的情绪管理技巧。通过展现出如何处理情感和应对压力，他们可以为青少年树立良好的榜样。这包括表达情感的健康方式，如诉说问题、倾诉、运动、艺术和冥想等。通过示范情绪管理，家长和教育者不仅帮助青少年学会有效的应对策略，还为他们提供了在情感上寻求支持的信心。

通过有效的情绪管理，家长和教育者可以为青少年树立积极的榜样，帮助他们处理情感和问题，并建立互信关系。这种互动方式有助于促进青少年的发展和心理健康，为他们提供了应对生活挑战的能力和工具。情绪管理是一项重要的技能，可以帮助青少年更好地应对生活中的各种情况，培养积极的心态和情感健康。因此，家长和教育者的情绪管理对于青少年的成长至关重要。

家长和教师不是圣人，也会有烦心事，比如见孩子经常做错事，或工作压力大，或同事之间关系处理不当等。有烦心事就会有情绪。在孩子面前我们一定要做冷静、积极沟通示范，聚焦如何化解矛盾而非抱怨。

案例①

我同事的读小学一年级的女孩，下午放学回她妈妈的办公室，等妈妈下班一起回家。小女孩坐在她妈妈的办公桌旁边，边喝奶边做作业，一不小心，把奶打翻了，洒在妈妈的办公桌上，她自己的作业、妈妈的备课本及办公电脑上到处沾满了牛奶。妈妈当时很生气，火冒三丈，说："你怎么这么笨！总是毛手毛脚。"小女孩伤心地哭了。妈妈平复心情，描述自己的情绪："牛奶洒在妈妈电脑上，担心电脑会坏，好多年的备课资料会丢失，妈妈真是急了。""你看到自己的作业沾上了那么多牛奶，你应该也急了吧？你是因为妈妈批评你生气哭，还是看到作业弄脏了哭呢？""没办法，事情发生了，我们一起来清理干净。你一定要记得下次拿稳杯子，杯子要放在安全的地方，一定不能放在妈妈的电脑上。"小女孩没哭了，和妈妈一起清理。孩子学会有情绪了怎么沟通，并学会了责任担当。

案例②

高中生青春年少，血气方刚，常因同学之间的不愉快而吵架斗殴。某天下雨，大课间时间学生在教室自习，我去教室巡查，看到两个男生在打架。我走到两男生身边，悄悄说："你们现在很生气，老师也很生气，但打架是解决不了问题的。我们仨回办公室，先冷静一下。”来到办公室，分别安排他们的座位，各给一张纸和一支笔，让他们各自写下生气打架的原因，再轮流陈述。然后一起探讨怎么处理，让双方都能接受。我示范了遇到生气的事时自己怎么控制情绪，教会学生用沟通代替对抗，并让学生感受到被尊重。

第二节　学校支持

当前，面对青少年心理问题时，多数学校仍采用碎片化的干预和预防模式，以“问题导向”和“被动应对”为主，缺乏“发展导向”和“主动赋能”的长效机制。这种“头痛医头、脚痛医脚”的做法亟待改变。我们应构建家庭—学校—社会协同的智慧化、生态化青少年心理健康防护体系。

一、坚决落实国家“双减”政策

调查显示，部分初中生为冲刺中考、高中生为备战高考，作息时间紧张，不少学生 6：30 起床学习至午夜，个别甚至到凌晨 2 点，部分学生仅休息半天。人民日报健康客户端、健康时报、好心情心理医疗和心理健康数字服务平台、灵北中国共同发布的《2022 年国民抑郁症蓝皮书》显示，我国抑郁症患者或具有抑郁症状的人约 9500 万，其中 30% 为 18 岁以下的青少年；据光明网报道，在第32个“世界精神卫生日”之际，好心情联合中国麻醉药品协会精神卫生分会发布的《2023年度中国精神心理健康报告》指出，高中生抑郁检出率达40%，初中生达30%，小学生达10%。

一篇基于全国23所高校调研的论文《当代大学生“躺平”现象的多维论析》揭示，57%的受访大学生存在“躺平”倾向，研究者认为部分原因应该是中学阶段（尤其是初三、高三）的长期高压导致进入大学后学习动力下降。

为此，2021年7月国家出台《关于进一步减轻义务教育阶段学生作业负担和校外培训负担的意见》，核心措施包括：（1）减轻作业负担：学校要确保小学一、二年级不布置家庭书面作业，可在校内适当安排巩固练习；小学三至六年级书面作业平均完成时间不超过60分钟，初中书面作业平均完成时间不超过90分钟。严禁给家长布置或变相布置作业，严禁要求家长检查、批改作业。（2）规范校外培训：校外培训机构不得占用国家法定节假日、休息日及寒暑假期组织学科类培训。

学校教育落实“双减”的具体路径包括：

优化作业设计与管理。分层作业：根据学生能力布置弹性作业，增加项目式学习、社会实践等探究类作业。精选教辅：教师需先完成教辅习题，精选针对性题目，减少机械重复。自编作业：针对不同班级层次设计个性化习题。

提升课堂教学质量。高效课堂：以学生听懂、学会为标准，杜绝超前教学，采用启发式、互动式教学。方法创新：通过小组合作、情境教学等方式激发兴趣。例如某90后校长讲解“三点水”偏旁的字时，别出心裁地准备了三盆水——冰凉的冷水、舒适的温水和烫手的热水，让学生亲手触摸直观体会“冷”“温”“热”等字的含义，甚至引导学生思考这些字与“三点水”偏旁的关系，让课堂既有趣又深刻。教研支撑：开展集体备课、资源共享，提升教师专业能力。技术赋能：利用智慧课堂、AI工具实现学情诊断与差异化教学。

完善课后服务体系。内容多样化：开设科创、艺术、体育等社团及劳动实践课程。资源整合：引入非遗传承人、科技工作者等补充师资。质量保障：延长服务时间，避免变相补课。

改革考试与评价机制。减少频次：建议取消小学一二年级纸笔考试，其他年级每学期仅保留期中、期末考。多元评价：结合课堂表现、实践成果等过程性记录，弱化分数排名。

推动家校协同共育。家长教育：通过讲座传递科学理念，避免盲目报班。责任边界：学校主抓教学，家长侧重生活习惯与心理健康培养。沟通平台：定期反馈学生表现，指导亲子活动。政策宣传：引导家长拒绝违规培训。校内替代：通过优质课后服务满足个性化需求。

推进教育评价改革。区域评价：将考核指标从升学率转向学生综合素质、教师创新等维度。学校自评：建立以减负增效为核心的质量监测机制。教育的本质是唤醒内驱力。当知识通过生活化、趣味化的方式呈现，当评价体系不再唯分数论，学生方能从“厌学”走向“乐学”。这需要教育者以“双减”为契机，构建真正尊重成长规律的教育生态。

二、重视体育活动，促进身心健康

运动与心理健康的研究表明，运动能促进内啡肽（天然止痛剂）和5-羟色胺（情绪调节剂）的分泌，有效改善抑郁症状。中等强度运动30分钟可使血清素水平提升20%。规律运动能使皮质醇（压力激素）的日分泌量降低15%—25%，并增强下丘脑—垂体—肾上腺轴的调节能力。MRI研究证实，每周进行3次有氧运动并持续6个月，可使海马体体积增加2%（海马体与记忆和情绪调节密切相关）。此外，规律运动的青少年抑郁发生率降低30%—45%，焦虑症状改善率达40%—60%，执行功能测试成绩提高15%—20%。研究还发现，数学推理能力与运动时长呈正相关（r=0.32），而团队运动参与者的社交焦虑降低幅度可达55%。

2023年1月1日实施的新修订《中华人民共和国体育法》填补了青少年体育法律体系的空白，确立了国家优先发展青少年和学校体育的原则，以增强青少年体质健康为重点，在立法层面明确了促进青少年身心健康和全面发展的目标。

学校应高度重视体育运动对青少年身心健康的作用，具体措施包括：除每周两节体育课和大课间活动外，增加10分钟碎片化运动（如跳绳、原地跑步等），并严禁教师拖堂占用运动时间；放学后组织“阳光体育运动”，确保学生有充足的锻炼机会；拓宽运动场地，丰富运动项目，严禁将体育课改为自习课或流于形式；提倡“出汗运动”，确保运动强度达到锻炼效果；开设运动心理选修课，教授学生运动减压技巧；班主任和任课教师应督促学生课间走出教室活动，做到劳逸结合、动静相宜。

通过以上措施，学校可为学生营造科学、系统的运动环境，切实提升其身心健康水平。

三、开设心理健康课程

开设心理必修课。每周设置一节心理健康必修课，课程内容涵盖情绪管理，包括焦虑情绪识别、呼吸放松法练习等；人际关系处理，通过情景剧模拟校园冲突解决案例；生命教育，结合《心灵奇旅》等动画电影探讨自我价值。如我校多数班级开发“心理成长护照”，学生通过完成情绪日记、团体任务等方式积累成长积分，强化学习效果。

深化心理活动渗透。每月开展“心理主题周”活动，包括“拥抱日”：鼓励学生主动拥抱 5 位同学，促进情感交流；“夸夸墙”：匿名写下对同学的欣赏，营造积极氛围；“心灵树洞”：设立实体信箱与线上匿名倾诉平台，由心理委员每日收集共性困惑并反馈给心理教师。

全员心理健康素养提升。教师培训：每学期开展“心理急救工作坊”，培训内容包括识别自伤信号（如手腕伤痕、突然赠送珍视物品等）、危机谈话技巧等；后勤人员参与：食堂员工、保安等参与“温暖守护者计划”，学习基础心理支持技能。

环境减压改造。解压教室：配备击打宣泄柱、沉浸式 VR 自然景观体验舱等设施；“无作业日”：每月最后一个周五禁止布置书面作业，改为家庭亲子互动任务，减轻学生压力。

四、其他有效干预措施（针对性解决方案）

三级筛查预警体系。一级筛查：每年采用 MSSMHS 青少年心理健康量表进行全员测评，智能系统标记“高孤独感”“自杀意念”等风险项；二级跟踪：对预警学生进行房树人绘画测验、沙盘游戏等投射性评估；三级建档：确诊抑郁或焦虑的学生建立“一人一策”档案，记录服药情况、咨询进展及个性化干预方案。

分级心理咨询服务。轻度问题：提供“心理胶囊”15 分钟快速咨询（课间开放）；中重度问题：签订《心理援助协议》，约定每周固定咨询时段，采用认知行为疗法（如针对考试焦虑的系统脱敏训练）。

危机事件标准化处理。制定《校园心理危机干预手册》，明确流程：自伤事件：第一时间医疗处置→启动“黑匣子”封闭现场→48 小时内完成班级团体心理辅导；自杀事件后续：为目击师生提供 EMDR 眼动脱敏治疗，三个月内持续追踪相关人员 PTSD 症状。

医疗—学校转介机制。与市精神卫生中心共建“绿色通道”，对需服药学生实施“校医监督服药计划”，心理教师每周与主治医生会商病情进展。

康复期支持系统。休学复学学生：实施“渐进式返校方案”，前两周每天仅到校 2 小时（在资源教室自习），适应后逐步回归课堂；同伴支持：安排经过培训的“阳光伙伴”陪同参与集体活动，减少社交压力。

数字技术赋能。开发“心情气象站”App，监测学生每日打卡情绪状态，AI对持续情绪低落者自动推送定制化心理资源（如正念练习视频、危机热线等）。

第三节　社会助力

在探讨青少年心理问题的成因、表现和干预方法时，我们不仅需要关注学校和家庭的作用，还需重视社会支持者与心理服务人员的参与。青少年正处于人生发展的关键阶段，其心理健康问题可能对未来的成长产生深远影响。因此，社会支持网络与专业心理服务的介入至关重要。

一、亲戚、朋友和社区成员

在青少年的成长过程中，亲戚、朋友和社区成员扮演着重要角色。他们往往是青少年倾诉情感和寻求支持的首选对象。为帮助其更好地理解和支持青少年的心理健康需求，需重点关注以下几点：

倾听与接纳。耐心倾听青少年的感受与需求，避免批评或否定其情感，接纳他们的独特性，为其营造安全的情感空间。

提供鼓励与积极反馈。通过肯定青少年的优点与成就，增强其自尊心与自信心。

资源引导。协助青少年及其家庭了解可用的心理健康资源（如心理咨询师、心理热线等），并提供信息支持以获取专业帮助。

社会参与。鼓励青少年参与社区活动或兴趣团体，帮助其建立积极的社交关系，获得社会支持。

二、心理服务人员

当青少年面临严重心理问题或危机时，应及时寻求专业帮助。心理服务人员（如心理医生、心理咨询师）凭借专业知识与技能，能为青少年提供有效的心理干预。以下是其核心职能：

心理教育普及。通过讲座、研讨会等形式提升公众对心理健康问题的认知，指导求助途径。

支持网络构建。联合心理健康专业人士、社区志愿者等建立多层次支持网络，为青少年提供多元化资源。

危机干预机制。组建专业团队应对紧急心理危机，确保青少年安全。

跨部门协作。与学校、医疗机构等合作，整合资源以满足青少年多样化需求。

动态评估与跟进。定期评估青少年心理状态并调整干预方案，确保支持的有效性。

社会支持者与心理服务人员的协同参与，是预防和干预青少年心理问题的关键环节。通过构建完善的支持体系、强化专业服务能力，我们能够助力青少年提升心理韧性，积极应对成长挑战，为其未来发展奠定健康基础。

第四节　自我修养

“自我修养”指的是个人自觉地、有意识地进行内在品质、思想境界、道德情操、知识技能、行为习惯等方面的培养、完善和提升的过程。其核心在于向内用力，提升自我。自我修养包括个人能力与个人素养两大方面，能力使人抵御风雨，素养则令内心安住于清明。二者共同引导青少年建立健康人际边界、形成积极的自我认同，并在面对外界纷扰时作出有益于长远心理福祉的明智抉择，铸就了青少年面对世界的内在稳定与从容，能为其终身心理健康奠定无可替代的基础。因此，作为家长和教育者必须有意识地、有策略地培养孩子的个人能力，提升孩子的素养。

一、培养社交技能

在青少年的成长过程中，社交技能的培养至关重要。这些技能不仅有助于建立健康的社交关系，还可以为他们将来的学业和职业成功打下坚实的基础。在这个阶段，积极的沟通技巧和社交技能可以帮助他们更好地理解自己和他人，解决人际冲突，培养同理心，并建立健康的社交关系。

积极的沟通技巧是社交技能的核心。这包括倾听和表达需求。教导青少年积极倾听他人，理解他们的观点和感受，这有助于建立互信、增进友情和促进家庭和谐。同时，也要教导他们如何表达自己的需求和感受，以便他们可以更好地与他人沟通和解决问题。这种双向的沟通有助于避免误解和冲突，同时也提高了个人的表达能力。

解决人际冲突是另一个重要的社交技能。青少年通常会面临与同龄人或家庭成员之间的冲突。教导他们如何以成熟和尊重的方式处理这些冲突非常重要。这包括冷静思考、寻求妥协和寻找解决方案。通过培养解决冲突的能力，他们可以更好地维护社交关系，避免长期的不和谐。

同理心是一项关键的社交技能，可以帮助青少年更好地理解他人的情感和需求。教导他们如何放下自我，设身处地地看待他人的角度。这有助于建立更深刻的人际关系，同时也有助于更好地处理人际关系中的挑战。同理心是一种重要的人际交往技能，可以在各个方面为生活带来益处。

建立健康的社交关系是社交技能培养的最终目标。教导青少年如何建立亲密的友谊和家庭关系，以及如何与同龄人和成年人建立积极的互动。这包括培养良好的社交习惯，如尊重他人的隐私、分享和合作。通过建立健康的社交关系，青少年可以获得更多的支持和友谊，有助于应对生活中的各种挑战。

案例

班会课上，班干部组织讨论班级事务及班级近段存在的问题时，有些同学总爱打断他人的发言。我多次温和提醒，但收效甚微。明知孩子有这个毛病，不利于他的人际交往，但顾及情绪又不能当面批评，所以我班建立了“发言令牌”机制：想发言先举手，只有持令牌者并能复述对方观点后才能发言。这样不仅保证了班会的效果，同时强制培养了部分同学的发言习惯及学会倾听的能力。当班上同学之间出现矛盾时，我首先教会他们冷静，通过说或写，先说出自己委屈的原因，把它交给对方，然后双方互换角色，站在他人角度评价自己的做法。这样孩子不易冲动，并能培养同理心。对那些很难融入集体的孩子，我会手把手地教他们，通过日常学习和生活，先观察同学的爱好特征，然后依据双方兴趣的共同点，主动去和同学聊天。照着这个方法，不久就能找到志趣相投的朋友。同时鼓励他们主动加入兴趣社团，结交更多朋友。

总之，社交技能的培养对青少年的发展至关重要。这些技能不仅有助于建立健康的社交关系，还可以为他们的未来打下坚实的基础。通过教导积极的沟通技巧、解决人际冲突、培养同理心和建立健康的社交关系，我们可以帮助青少年更好地理解自己和他人，更好地应对生活中的各种挑战。这将使他们在学业、职业和个人生活中都能更加自信和成功。

二、培养时间管理技能

时间管理是一项对青少年至关重要的生活技能，可以帮助他们更有效地利用时间，实现更多目标，并减轻焦虑和压力。教导他们时间管理的基本原则能够提升其组织能力，促进学业和个人生活的成功。

1. 设定明确的目标和计划是时间管理的基础

帮助青少年明确他们的目标，无论是在学习、兴趣爱好还是个人生活方面。一旦目标明确，就可以制定计划来实现这些目标。教导他们如何将长期目标分解为短期目标，并制定每日、每周或每月的计划。这将有助于他们更好地规划时间，确保朝着目标稳步前进。

2. 有效的日程管理是时间管理的关键

教导他们如何创建并执行有效的日程安排。这包括合理分配时间用于完成任务、学习和娱乐活动。同时要教导他们避免将日程安排得过于紧凑，以防产生不堪重负的感觉。清晰的日程安排可以帮助他们更好地掌控时间，减少拖延和浪费时间的现象。

3. 识别并处理重要的优先事项

教导青少年如何区分重要事项和紧急事项，以及如何确定优先级。这可以帮助他们缓解焦虑和压力，集中精力处理最重要的事务。此外，还要教导他们学会拒绝不必要的承诺，以及如何应对时间管理中的各种挑战。

日常上课时，学生需要遵守校园作息时间，时间管理不成问题。如今实施双休制后，孩子、家长及教育工作者最难把握的是双休日和寒暑假。不少学生在假期前半段玩得不亦乐乎，作息毫无规律可言；临近开学时才急着赶作业，甚至抄袭作业或交白卷。这正是老师们常感叹的：假期越长，作业完成质量越差，而且开学后孩子们的学习状态也越差。这不是个别现象。一个假期过后，时间管理能力强弱不同的孩子在身心健康和学习表现上会产生明显差距。如果能够做好时间管理，利用假期甚至可以实现学业上的逆袭。随着双休日及法定假期制度的实施，孩子们的假期变得更长，因此教会他们时间管理显得尤为重要。

作为班主任和家长，我是这样指导儿子和学生管理假期时间的：在假期临近时，各科假期学习任务已经下达，要求孩子们将各科学习任务与业余兴趣活动、运动等进行全面系统的规划，把它们细化成每天的具体任务，自主制定精确到小时或分钟的任务清单，在假期中自觉执行。对于自控力较弱的孩子，则由家长和老师监督实施。通过长期训练，就能养成良好的时间管理习惯。以下是我一个学生的暑期作息表，供参考：

暑假每日作息时间表

时段	安排
7：00-7：30	起床、洗漱、简单晨练（拉伸/跳绳）
7：30-8：00	早餐+家务参与（整理餐具/浇花）
8：00-9：30	高效学习 1（数学/理科等需专注科目）
9：30-9：50	休息（喝水、远眺、轻度活动）
9：50-11：20	高效学习 2（语文/英语等文科科目）
11：20-13：00	午餐+自由活动（听音乐/看新闻）

续表

时段	安排
13：00-14：00	午休（建议30分钟睡眠+30分钟阅读）
14：30-16：00	兴趣拓展（编程/绘画/乐器等）
16：00-17：30	户外运动（篮球/骑车/散步）或手工
17：30-19：00	晚餐+家务（参与备餐/打扫）
19：00-20：00	自主学习（查漏补缺）
20：00-21：00	自由娱乐（纪录片/益智游戏）
21：00-22：30	复盘当日任务+制定明日计划
23：00前	熄灯睡觉

总之，时间管理是一项关键的生活技能，能够为青少年的学业和个人生活增添成功的机会。通过教导他们设定明确的目标和计划，建立有效的日程安排，以及识别和处理重要的优先事项，我们可以帮助他们更好地掌控时间，减轻焦虑和压力，提升生活质量。这将使他们在面对学业和生活中的各种挑战时更具信心，更有能力从容应对。

三、培养专注力

心理学家丹尼尔·戈尔曼说："相比智商，专注力对学生成绩的影响更大。决定一个人成就的第一因素，不是智商也不是努力程度，而是专注力。"专注力必须从小培养。我们要鼓励和要求孩子在什么时候做什么事，一次只做一件事；我们不要同时交代孩子做好几件事，而应把事情拆开来，一次让他做一件事。哪怕是小时候吃饭，就要要求孩子专注吃饭；有的家长允许孩子边玩边吃，甚至追着孩子喂饭。没从生活方面养成好习惯，长大了上学，孩子依然是边玩边做作业，上甲课做乙事，导致孩子无法静下心来。

当孩子专注地在做什么事时，不要去打扰他。有很大一部分家长由于特别爱孩子，当孩子正在专注搭建积木时，时不时去亲一下，这种经常打扰的行为，会让孩子很难专注下来。到了中学阶段，还有不少家长在孩子做作业时，常常去送水果或茶，这些行为都不利于专注力的培养。

要及时肯定鼓励，巩固效果。父母要做有心人，不仅仅是陪伴，更要细心观察孩子在完成每一项任务时他付出的努力、遇到的困难、他怎么去解决困难以及时间效率等。要把握契机，加以肯定鼓励，重点应放在鼓励孩子的努力过程、锲而不舍的精神和克服困难的办法。想要养出一个专注自律的孩子，父母首先需要在家里创造一个安静的学习环境。在孩子写作业时，家里的其他成员要避免大声喧哗、在孩子身边来回走动，也尽量不要进行各种娱乐活动。现在有些年轻的家长，自己爱打麻将，十月怀胎过程就是麻将声声；在小孩成长过程中，母亲领着孩子上麻将馆，自己玩麻将，孩子在一旁做作业，仍然是麻将声声。小孩从小没有一个比较安静的环境，没有养成专注做一件事情的习惯，所以学习也很难专注进行。

四、提高解决问题的能力

培养解决问题的能力将帮助青少年在面对生活中的各种挑战

时更加自信和坚决。这是一项持续发展的技能，可以应用于学业、职业和个人生活中。通过不断练习和改进解决问题的能力，他们将更好地应对未来的挑战。

培养解决问题的能力对于青少年来说是一项关键的生活技能。在成长过程中，他们可能会面临各种挑战和问题，包括学业困难、人际关系问题以及未来规划等。以下是针对青少年的建议，旨在帮助他们培养解决问题的能力：

1. 勇于面对问题

面对问题是解决问题的第一步。鼓励青少年不要回避或逃避问题，而是勇敢地面对它们。问题是生活中不可避免的一部分，学会处理它们是成长的一部分。

2. 善于分析问题

当青少年面临问题时，教导他们尝试对问题进行深入分析。了解问题的根本原因、影响以及可能的解决方案。这将帮助他们更好地理解问题的本质。

3. 制定解决方案

一旦他们了解了问题，就可以开始制定解决方案。鼓励他们思考可能的方法和策略，然后选择一个最合适的方案。制定计划是解决问题的关键。

4. 寻求建议

如果觉得某个问题太棘手或复杂，告诉他们不必害怕向他人寻求建议。朋友、家人或老师可能会提供有价值的洞察力和建议。

5. 学会从失败中学习

解决问题的过程中，可能会遇到失败或挫折。提醒他们不要灰心，相反，将失败视为学习的机会。从失败中汲取经验教训，并尝试新的方法。

6. 目标设定

为了解决问题，教导他们将问题与自己的目标联系起来。帮助他们设定明确的目标并制定计划，以确保他们朝着解决问题的方向努力。

7. 持之以恒

告诉他们一些问题可能需要时间来解决。鼓励他们要坚持不懈，不要轻言放弃。持之以恒是成功的关键。

8. 培养决策能力

解决问题通常需要做出决策。教导他们学会权衡各种选择，并对自己的决策负责。

案例

进入中学阶段，数学科目的学习是不少孩子最大的学业困难。不少孩子谈“数”色变，也有不少孩子在我的帮助下，由“害怕数学”到“爱上数学”，最终考上心仪大学。

某个孩子，小学、初中时数学成绩就不太好，但还算过得去。进入高中以后，由于数学基础薄弱，加上高中数学学习和试题难度加大，考试屡次不及格，150 分的总分，只能考 50~70 分。屡战屡败，越努力花时间，成绩越差。由于数学学习的挫败感，他对数学产生学习的恐惧，开始逃避作业，甚至装病请假逃课。我发现后，找他谈心并分析问题的可能原因，制定了以下的方案：

（1）改刷题为悟题。请求任课教师同意，减少他的作业量，每天针对性地只做几个小题和 1~2 个大题，减少做题时间，增加悟题的时间。

（2）拆分目标。每天花 1 小时专攻基础题，一个月后再加一个大题，并依据平常考试时量及今日完成的作业数量做限时训练。悟题时间不限，记好答题感悟。

（3）自我肯定。写“进步日记”记录小成就（如“今天听懂了某一个知识点，记住了几个公式”）。

（4）在做作业和考试过程中，遇到不会的问题，回归教材，重新学习，搞清知识的来龙去脉。

（5）调整考试策略。每次考试降低期望值，由分数目标调整到会做的题减少失误，准确率达90%为目标，勾选自己会做的题为该次考试的全部题，减少题量，仔细审题做题。

3个月后这个孩子的数学成绩提升至90分，逐渐找回了信心。用他自己的话说："我开始有点喜欢数学了。"

培养解决问题的能力将帮助青少年在面对生活中的各种挑战时更加自信和坚决。这是一项持续发展的技能，可以应用于学业、职业和个人生活中。通过不断练习和改进解决问题的能力，他们将更好地应对未来的挑战。

五、提升素养

家长和教育工作者的言行举止对孩子起着潜移默化的作用，因此，提升孩子的素养必须从提高家长和教育工作者的自身素养开始。素养低的孩子不仅学习成绩容易出现问题，在人际交往方面也更容易遇到困难。与素养较高的孩子相比，他们的心理问题发生率往往更高，这与其在成长环境中缺乏良好的示范和引导密切相关。

通过与同事探讨，我们认识到：当代儿童接触的信息源远比我们当年多元，尤其是网络上的各种评价，促使他们形成了更早的辨别能力。AI研究也证实，10岁儿童正处于青春期前期，自我意识和分辨力显著增强。这更凸显了12岁前养育环境的关键性。

然而现实状况令人忧虑。有些学生可以缠着老师解答问题直到错过饭点，却从未想过老师是否需要用餐；需要帮助时热情有加，平时却形同陌路。这样的表现，又怎能期待他们懂得感恩与关爱？

每个新生儿都如白纸，父母则是执笔的画家。遗憾的是，许多父母一边抱怨孩子“难管教”“沉迷手机”“不懂感恩”，一边却未能意识到这些问题正是自己教育方式的投射。孩子的问题本质上是家庭教育的问题，父母的修行深度决定着孩子的成长高度。

1. 言行示范：构建积极语言环境

家长和教育工作者的语言习惯会深刻影响孩子的心理发展和价值形成。优雅得体的谈吐能建立良好互动，而粗鲁贬损的语言则会造成情感伤害。神经教育学启示，负面语言会激活儿童大脑的威胁反应系统，长期暴露在此环境中将导致海马体体积减小加快，认知退化，导致学习效率降低，产生消极对抗情绪。例如，当孩子作业遇到困难时，一句“你怎么这么笨”的抱怨，或是教师“上课都讲过了你怎么还不会”的指责，都可能让孩子产生自我怀疑，进而形成学习障碍。

教育者的每句话语都在塑造孩子的自我认知和处世态度。积极正面的语言能培养孩子的自信与同理心，而否定贬损的言辞则可能造成深远的心理阴影。因此，家长和教育工作者必须时刻谨记：我们不仅是知识的传授者，更是孩子人格形成的塑造者。唯有不断提升自身素养，才能为孩子树立真正值得效仿的榜样。

2. 卫生教养：从外在整洁到内在秩序

环境心理学有这样的结论：杂乱环境会使儿童皮质醇水平升高28%，显著影响专注力与情绪稳定性。在我早年任教的班级中，总有几个学生长期保持着不良的卫生习惯：头发油腻打结，衣物布满污渍，身上时常散发着异味。这些孩子往往被同学孤立，难以融入集体。通过个案分析发现，他们大多来自离异家庭，缺乏基本的卫生教育。有的父母自身就不注重仪表——父亲胡子拉碴，身上带着汗臭味，母亲蓬头垢面，穿着睡衣拖鞋就出门；家中更是杂物乱堆，鞋子袜子随处乱扔。在这种环境下成长的孩子，自然难以养成良好的卫生习惯。邋遢的父母很难培养出整洁得体、热爱生活的子女。而邋遢的孩子在集体中往往会遭遇排斥：没人愿意同座，分组时被孤立，活动时遭冷落。长期处于这种境况，极易导致人际关系紧张，学习专注力下降，情绪稳定性差，甚至引发心理问题。

3. 向善教育：从规则遵守到价值内化

李玫瑾教授在《心理抚养》中指出："孩子的问题，多是由身边的大人造就的。"她强调"不教而善"才是教育的最高境界——父母若能以身作则展现善良正直，孩子自然会在熏陶中养成美好品格。懂得感恩、向善向上的人，往往拥有更健康的心理状态。

教育本质是灵魂的唤醒。正如雅斯贝尔斯所言："教育是一棵树摇动另一棵树，一朵云推动另一朵云。”当我们期待孩子具备良好素养时，首先应该反观自身是否已成为那棵挺立的树、那片饱满的云。在AI时代，教育者的人文素养反而成为不可替代的育人核心——因为真正的教养，永远发生在人与人真实的互动之中。

附录

实践案例

感谢我的高中班主任，是您指导我填报高考志愿，让我选择了教师这个职业。正是这份职业让我找到了人生的热爱，即使工作了三十八年，我依然充满激情，乐此不疲。同时，我也要感谢教学生涯中遇到的每一个青春洋溢的学生，是你们成就了我的事业与快乐。你们的每一次进步、每一份成绩，都是对我努力的最好见证。我始终以最深切的情感关注着你们的成长，为你们的挫折而忧心，为你们的成功而欣喜。这些珍贵的师生故事，承载着浓浓的师生情谊。我将它们记录下来，希望能为未来的青少年教育提供一些启发，更好地助力他们成长。

一、用爱心温暖心灵，以真情融化坚冰

教育事业是最需要情怀与爱心的事业，尤其是面对存在心理问题的学生时。爱心具有天然的治愈力量，能够消融孤独感与防御心理。当一个人感受到真诚的关怀时，内心的坚冰就会开始松动——就像阳光融化积雪一般自然。很多时候，老师的微笑、耐

心的倾听或一个理解的拥抱，往往比理性的说教更能打破孩子的心墙，重建信任的基础。正如简·尼尔森在《正面管教》中所说："赢得十几岁孩子的最好方法，是以和善、坚定、尊重的态度，先和他们站在一边。让孩子在被理解中获得自尊感和归属感。"

三十八年来，我尽最大努力让学生不因贫困而失学，资助和帮助过数以千计的学生。定期为贫困家庭提供油、米、水果等物资，并上门探望贫困、生病或遭遇家庭重大变故的学生家长。无论何时，只要学生有需要，我必定在场。

记得有一年暑假的某天晚上，班上一名学生因恋爱问题导致双方家长在公共场合发生斗殴，女学生被家长殴打至难以忍受，向我求救。我为此事奔走调解直至凌晨两点。

面对各类问题学生，我始终秉持"春光融融，胜过狂风暴雨；理性说服，胜过粗暴批评"的理念，对他们保持积极期望，耐心细致地引导。我采用"共情式倾听""正向强化""家庭赋能"等教育策略，这些实践印证了心理学家卡尔·罗杰斯的观点："当真实的理解发生时，改变几乎不可避免。"

教育不是雕塑家对大理岩的冷酷凿刻，而是园丁等待种子破土的温暖守候。那些曾被坚冰包裹的心灵，最终化作春天里最清澈的溪流，滋润更多等待绽放的生命。

学生曾这样对我说：

亲爱的刘老师：

首先，我要真诚地向您道谢。说实话，我曾经对您有过误解，认为您对我们太过宽容，说话太过委婉。那时我觉得，严厉批评才能让我们更快进步。但后来，当我看到那么多同学都爱戴您，愿意向您倾诉心事、寻求帮助时，我开始反思：是不是我的看法有偏差？渐渐地，我明白了，您是在用爱心教育我们。在文二班的这一年，我深深感受到了爱的氛围——同学之间和睦相处，师生之间亲如朋友，班级成绩始终名列前茅，这些都是您用爱心浇灌的成果啊！您是用心灵在与我们交流。有时候我甚至觉得您有某种魔力，不然怎么能把72个同学的心紧紧凝聚在一起？为什么我们能学得轻松又活得快乐？每当看到其他班同学羡慕的眼神，我都觉得能来到文二班是莫大的幸运。

您的笑容将永远激励我踏实走好人生每一步，也希望您今后的每一天都充满欢笑。

学生：×××

另一封来信：

刘老师：

现在回想起我们一起度过的两年时光，依然历历在目。高一时的我是那样叛逆不懂事。中考的失利让我心灰意冷，对未来失去希望。带着这种消沉的情绪，我走进了12班。那时的我迟到、逃课、扰乱课堂，对老师充满抵触……但您始终用最温和的态度、最耐心的劝导对待我。在我人生最黑暗的时刻，是您用宽容仁厚的心包容我的叛逆与轻狂，用春风化雨般的耐心引导我走出阴霾，重拾信心与希望。我由衷地感谢您……

学生：×××

二、亲其师，信其道

我很喜欢一幅世界名画——《雅典学院》：画中有柏拉图、亚里士多德等50多位著名学者。众人神态轻松自在，师生身份模糊难辨，脸上更不见对分数与排名的忧虑。画面展现的是激情的辩论、热情的探讨，是人类智慧的迸发与对真理的追求。这幅画正是我理想中教育的样子。

三十八年来，我始终以这幅画为镜，努力践行平等对话的教育理念，成为青少年的知心朋友。当师生关系超越传统的尊卑界限，教育才能真正助力生命成长。

学生来信节选：

亲爱的刘老师：

我们班同学都觉得您既开朗又可爱，在您面前总能无拘无束。加入文二班后，我的性格开朗了许多——从前对班级事务总是冷眼旁观，现在却成了最积极的参与者之一……

我用“你”来称呼您，是因为这份感情早已超越对师长的敬畏。此刻，我是在向人生知己倾诉心声，表达最真挚的喜爱……

三、兴趣可成为孩子奋斗的内驱力

人的天赋与生俱来，而学习资质如记忆力、洞察力、思维能力等，虽可通过后天培养优化，但先天遗传的差异不容忽视。进入青年阶段后，这种差异对学习的影响愈发明显。若将分数作为评价孩子的唯一标准，处于金字塔底端的孩子无论怎样努力都可能看不到希望，久而久之，这种绝望感会演变为厌学，甚至更严重的心理问题。以下内容来自这类孩子的代表之一写给我的一封信，请大家完整阅读，倾听孩子内心的声音。作为教育工作者，我们应尽可能创造机会，将希望与荣誉分享给每一个学生，让不同起点、不同追求的青少年都能看到属于自己的光明未来。

亲爱的刘老师：

首先，请允许我向您表达最诚挚的感谢。前几天的痛苦终于得以缓解，这离不开您的努力——无论是课堂上的鼓励，还是您悄悄安排同学陪伴我。其实我都知道。那几天，总有朋友在我座位旁转悠，时不时问："出去走走吧？"或是"有什么不开心的吗？"我心想，她未免太热心了，后来才猜到是您的"指示"。

看来我在心理学上也有点天赋呢！（不过学心理学的人首先得内心强大，我还需磨炼。）

过去一周，我陷入了深深的迷惘。我们的教育制度确实存在问题：我努力学习多年，却不知为了什么。看到数学题，我会下意识计算；听到老师重复的话，我会机械记忆——这已成为一种本能。身体的反应快于意志的挣扎，这样的自己让我感到窒息。

我不明白生活的动力何在，为何要承受这些痛苦。从前，我会为成绩痛哭几天，如今却连成绩的意义都想不通。别人喜欢成绩好的学生，我便拼命学，只为得到别人的表扬、家人的笑容和“比别人厉害”的虚妄尊严。但这一切值得吗？都说成绩好等于好工作，好工作等于衣食无忧，可怎样的工作算“好”？那样的生活真能带来幸福吗？今年学的知识明年可能被淘汰，月考成绩终将被高考取代。若高考失利，十二年的努力是否白费？

这种怀疑推翻了我全部的价值观。当一个人对自己的行为失去信念，还有比这更绝望的吗？我惧怕学校，无法集中精力，只能靠睡眠逃避痛苦。短短七天，我甚至想过死亡。

幸好，我鼓起勇气告诉了妈妈（这多亏您让我明白“痛苦不能憋着”）。妈妈每晚抱着我安慰，尽管她的话未必对症，但她坚持不让我逃学——这一原则救了我。后来爸爸也加入开导，说“现在的努力影响一生”。我还找同学倾诉，但始终无法解脱。

直到您点醒我：努力不是为了高考或好工作，而是为兴趣打基础。

您问我：“你爱动漫，想学日语，现在的努力不正是为了将来能选择喜欢的事吗？”中午和某同学聊天时，她也提到一位同学的经历：高考只是跳板，为的是让你有机会做想做的事。

…………

“不要逃避自己应经历的命运。”这是《柯南》很早教会我的，如今我才懂其份量。我决定不再为他人眼光而活，要为自己的幸福奋斗。有了目标，我不再怀疑存在的意义，能坦然哭笑，已是最大的幸福。

刘老师，感谢您这两年的一切帮助。您说“大家的幸福就是您的幸福”，所以我定会努力实现梦想，也助他人幸福。回家时，我偶然翻开一张贺卡，封面竟写着“TOKYO”——这一定是命运在说：“别犹豫，坚持选择！”

现将这封信、我的决心与这张贺卡送给您，愿您成为世界上最幸福的人！

某某某

2014 年 9 月 10 日

我希望学生能终身快乐，做自己热爱且擅长的事。我的育人理念不唯分数论，而是挖掘孩子长处，培育兴趣，让兴趣成为他们奋斗的内驱力。

四、高一是人生成败的一个转折点

高一是青少年心理问题的萌发期，尤其是名校的孩子，小学、初中都是佼佼者。进入高一后，学习习惯、学习能力的差异导致适应环境的速度不同，有的快，有的慢。不少孩子会屡战屡败，对学习缺乏信心和动力。如果得不到及时帮助以重拾信心，可能会放弃，产生无意义感，有的甚至可能借助虚拟网络来寻找快感，导致网络成瘾、自我封闭。家长和教育工作者要用心去发现、安抚、鼓励和帮助，助其重建自信，做到不抛弃、不放弃。在三十八年的教育生涯中，我记不清帮助了多少孩子平稳度过这段艰难岁月。请看孩子们怎么说：

亲爱的刘老师：

这一次月考，我终于取得了进步。虽然可能在您看来，一次月考的进步并不算什么，但对我来说，它的意义不亚于您那句“不放弃”的话。因为这是对我这么久以来努力的肯定，更是为我的坚持提供了莫大的鼓励。一直以来，我一次次努力，却一次次遭遇失败，从最初的屡败屡战逐渐变成了屡战屡败。虽然在上一次月考的谈话后，我试着放下了功利的观念，用一颗冷静自信的心面对考试，但究竟能否奏效，我也没有把握。而这次的进步，却像是给我不安的心注入了一针强心剂，真正意义上重拾了自信，相信努力总会有回报……

从上高中起，我的心里就充满了忐忑。高一的经历并不愉快，但在您担任班主任的两年里，我很快乐，班上的氛围也很好。这两年将成为我一生的宝贵财富……

×××

亲爱的刘老师：

谢谢您高一一年的栽培！

诚然，我的确变了，变得心静许多，变得不那么孩子气，冲动行事了。经过高一一年的洗礼，我也懂得了许多，比如要习惯失去，抛开过去，展望未来。尽管我的成绩在高一并没有很大突破，但我会带着您的谆谆教导，走过整个高中，甚至整个人生！

×××

五、高三心灵风暴中的陪伴艺术

当高考倒计时牌一页页翻过，高三教室里弥漫着一种特殊的紧张气息。这不仅是知识的冲刺阶段，更是青少年心理问题的集中爆发期。有调查显示，超过60%的高三学生存在中度以上焦虑症状，30%伴有不同程度的抑郁情绪。在这个被分数和排名定义的封闭空间里，年轻的心灵正在经历一场无声的风暴。而真正的教育智慧在于认识到：高三心理危机的本质，是成长痛而非病理症，是蜕变期的必然震荡而非单纯的机能失调。在这场心灵风暴中，陪伴与疏导不是锦上添花的奢侈品，而是雪中送炭的必需品。

高三心理问题的爆发，不仅是高考压力的体现，同时也有情感的纠结。同窗多载又值青春期，难免会在朝夕相处中滋长出微妙的情愫。这些隐秘的悸动本应是青春期的常驻客，却在倒计时牌的压迫下扭曲变形——当“恋情”被家长或教师妖魔化成成绩滑坡的原罪。想告白却怕影响对方成绩，得刻意保持距离。怎样才能做到喜欢一个人又不会影响彼此的成绩？还有比恋爱更隐秘的，是那些被高考异化的友情。曾经的同窗好友突然变成排名表上的竞争对手，想看又不敢看玻璃窗内的光荣榜。这些如果得不到及时的疏导，就会在高压环境下发酵成更严重的心理危机。那些被压抑的情感可能转化为焦虑的梦魇，在深夜啃噬着本就脆弱的睡眠；那些被扭曲的竞争关系可能演变成自我怀疑的毒药，让人在考场上突然大脑空白。

案例

2016届有这样一个女生，在教学楼五楼（高三）走廊上和父亲声嘶力竭吵完后，挣脱了父亲的控制，跑到四楼我的办公室，蜷缩在办公室角落里不停抽泣。父亲追了下来，用力拖拽，同时骂骂咧咧。我实在看不过去，上前劝走他的父亲，抱着这个孩子进行了长达两个小时的安抚和沟通，了解到她近乎崩溃的背后原因。进入高三以来，她的成绩不断退步，似乎越努力越退步。父亲把这一切归结于恋爱的结果，不仅棒打鸳鸯，还不顾她的面子当场打骂，让她抬不起头，无地自容，始终感觉周围都是异样的眼光。

这个案例揭示了一个残酷的真相：当教育沦为分数的奴隶时，最容易被牺牲的往往是学生的心理健康。真正的陪伴艺术，应该像静水深流——表面平静却蕴含力量。那个女生后来在持续的心理疏导下逐渐恢复，但更多类似的故事仍在各个教室无声上演。

有效的陪伴需要建立三重防护网：首先，教师要成为情绪的“减压阀”，通过每周的心理班会或师生聊天创造安全表达空间；其次，家长和教师要完成从“督学”到“陪伴者”的角色转换，把课余和用餐时间，就个别学生而言可抽出更多的时间变成不谈学习的“心灵绿洲”；最后，要帮助学生建立自我调适机制，让他们学会在成绩波动时给自己一个温暖的拥抱。

教育的终极目标不应是制造完美的答题机器，而是培养完整的人。当六月蝉鸣响起时，那些在心灵风暴中被温柔接住的孩子终将明白：比高考分数更珍贵的，是在至暗时刻依然能被看见、被理解的那束光。这或许就是高三陪伴艺术的最高境界——用静水般的包容，托起每个年轻生命的激流勇进。

我的陪伴，让高三这段充满挑战、压力、疲惫与迷茫的日子不再孤单。我见证了你的努力，疏解了你压抑的情绪，助你轻装上阵；而这份陪伴也被你看见。于是，你对我这样说道：

> 这两年来，您总是准时到教室陪我们早自习，督促我们开口读书；晚自习时，您也一直留在办公室为我们解答疑惑。在我十几年的求学生涯中，您是最负责的一位班主任！……

六、根治“厌学”的最好药方是“一堂好课”

学习快乐吗？答案是否定的——只有学会才会快乐。

首先，在课堂上要让不同层次的学生都有收获，获得成就感，这才是最高级的幸福感。孩子们讨厌的不是知识本身，而是那些听不懂、太简单、枯燥乏味却又不得不忍受的课堂。其次，一堂好课不仅要传授知识，更要教会学生做人的道理：当遇到难题时，鼓励他们迎难而上；当努力未达预期时，引导他们坦然面对，把目光放长远——人生成败只需与自己比较，尽力而为便是成功。

学生们这样评价我和我的课堂：

> 您教给我们的不仅是奇妙的地理学习方法和扎实的基础知识，更是为人处世的智慧。您用每一堂课践行着对教育、对学科、对学生的热爱，这正是我地理成绩持续提升的关键。亲爱的刘老师，如果能回到高三，我一定会告诉那个焦虑的自己：您当年的教诲是我生命中最宝贵的财富。正如您所说，重要的不是考上哪所学校，而是保持平和心态，自信从容地走向未来……
>
> 可以毫不夸张地说，我的人生选择深受刘老师影响！高一走班制时第一次听刘老师的课就令我眼前一亮，高二学习自然地理时更是享受其中。除了系统的地理知识和思维方法，让我最敬佩的是刘老师那份教育热忱。那些不经意间的话语总让我感动不已，甚至让我思考：未来我能否成为像刘老师这样，让学生们既懂地理又爱地理的老师？从遇见刘老师起，我的目标就是打造出同样精彩的课堂……

七、青少年恋爱教育策略与实施

青少年时期是心理和情感发展的关键阶段。随着自我意识的觉醒和社会关系的扩展，青少年对恋爱的需求会自然增强。这种变化既充满美好，也可能伴随困惑。教育引导青少年正确看待和经营恋爱关系，是帮助他们实现自我成长的重要课题。合理的引导能让恋爱成为青少年发展社交能力、情感智慧和责任意识的契机。

我将接触到的青少年恋爱案例分为两类：一类为理智型。如同班的 A 同学与 B 同学相恋后，他们相处时多数时间都在讨论学习问题，节假日也结伴去省图书馆学习。他们相互监督和鼓励，共同进步。三年后，A 同学考入了北京外国语大学，B 同学考入了香港中文大学。另一类为非理智型。如 C 同学与 D 同学恋爱期间，女方经常因男生关心其他女生或某些小事未能满足其要求而产生较大情绪波动。这不仅影响学习，还影响人际交往和睡眠，导致学业明显退步，家庭关系紧张。

针对不同类型，需要采取不同的引导策略。对于第一类，教师只需叮嘱他们注意交往边界及影响即可。对于第二类，不能简单说教或当众批评扩大影响，也不应单纯依赖家长解决问题，更不能强行拆散。我通常不会直接点破他们的恋爱关系，而是等待教育契机，比如当女生出现较大情绪波动或成绩明显下滑时，再找他们谈心。我会用故事代替说教，晓之以理，动之以情。首先肯定他们这种美好情感，然后引导他们思考：如果是以婚姻为目标，还需要经历漫长的时空考验。特别是要告诉女生，在当前社会现实下，年轻人通常要读完研究生甚至博士，往往到三十岁左右才会考虑婚姻问题。这意味着至少需要等待十到十二年。进入大学后，两人很难就读同一所学校，时空的差异可能会冲淡最美好的感情。如果到三十多岁仍未能步入婚姻，从年龄和心理上都很难开始新的感情。与其为一段难以结果的恋情付出过多代价，不如保持理智，活在当下。“你若盛开，蝴蝶自来。”通过教育者的帮助，让他们不仅摆脱青春期情感困惑，同时培养了他们的情绪控制能力。

八、网瘾学生成功逆袭

案例

曾有一位理科班的孩子选择文科学习，转到了我班（文科班）。来到文科班后，他的成绩仍是倒数。经过观察，我发现他白天精神极差，根本无心学习，上课睡觉，过着昼夜颠倒的生活。经过多方面的调查，确认他深陷网瘾（沉迷网络小说）不能自拔。进入高三后，他的父母处于严重焦虑状态，甚至他母亲因担忧而夜不能寐、坐立不安，出现了轻度抑郁症状，人也瘦得皮包骨；相反，儿子体重约 180 斤（身高约 180 厘米）。我曾多次苦口婆心地劝说他。记得有一次，我俩坐在校门口右侧的花坛边上，我对他说：“你看见你妈妈已经瘦成皮包骨了吗？（他妈妈当时站在离我们约 20 米外的地方）如果你再这样下去，我真担心她的身体会垮掉，难道你不会愧疚吗?”他却冷冷地回了我一句：“如果不让我看完小说，我也活不下去。”

其间，我没收了他好几台手机，但毫无效果——收了一台，他又会带来另一台。对于我这个平常不玩网游也不看网络小说的人来说，第一次感受到网络竟有如此强大的吸引力。

由于他的家庭教育模式特殊——父亲非常严格（儿子手臂上还留有被父亲用衣架打伤的清晰伤痕)，而母亲却非常溺爱，家庭经济条件又十分宽裕，导致他形成了双重人格：表面答应得很好，背地里却重蹈覆辙。这让我无可奈何，但我又不能放弃。

最后，我和他反复商量，决定尝试一种新方法。我问他：“你到底还需要多久才能看完小说?”他说至少一个月。于是我们商议：放假两周，让他白天黑夜地看，看完后再回校读书。他同意了这个方案。同时，我争取到他父母的支持，让他们在这两周内不打扰他，让他看个够。

然而，不到第五天，他就熬不住病倒了。我认为机会来了，就去他家探望。见面第一句话，我问：“看完了吗?”他说：“没有。”我接着问：“那继续放假看完，好不好?”这时他犹豫了。我趁势说道：“如果再让你这样昼夜不停地看，只怕你撑不到我下次来看你的时候了。你想想，真到了那种地步，你的家会变成什么样子？再仔细想想，自从沉迷网络小说以来，你得到了什么，又失去了什么?”他终于扛不住了，哇哇大哭起来。

我继续说：“孩子，现在还不晚。你基础好，离高考还有7个月。男子汉大丈夫能屈能伸，老师相信你能放下执念，重回正轨。

我等你回校。”

周一，他返校上课。我们约定：白天必须认真听课，利用晚自习时间尽快看完小说，晚上 11：30 睡觉，并由父亲陪睡以确保作息规律。两周后，孩子的生活恢复正常，最终顺利考入了 985 大学。

在帮助这名网瘾学生成功逆袭的同时，我也收获了育人的经验。当孩子出现严重行为或心理问题时，不能一味堵截，而应疏导。首先要探究背后的原因，比如这名学生因成长于严厉与溺爱并存的环境，心理冲突导致双重人格。

起初，我尝试用制度约束和情感唤醒的方法，但收效甚微。后来调整策略，采用“饱和疗法”——满足他的自主需求（放假两周让他看个够），将外部控制转化为自主选择，从对抗转为暂时允许放纵。通过过度满足引发自然反感，使原本愉悦的刺激转化为痛苦体验时，教育契机便出现了。

当他病倒后，我利用危机作为教育契机，通过“你得到了什么”“失去了什么”等开放式提问，引导他自我反思。此外，社会支持系统也很重要：家长配合学校调整陪伴方式（如父亲陪睡确保作息），帮助孩子建立新的行为模式，恢复规律生活。最后，我激发他的学习潜能，搭建信心支架，点燃希望，促成改变。可以说，学生的转变也促进了我的成长。

九、游戏成瘾学生顺利破局

案例

我的教育对象中有这样一个男孩：从高一下学期到暑假期间，他沉迷游戏不能自拔。一学期的时间里，成绩滑坡，体重下降，与家人关系严重恶化，甚至半年没叫过一声妈。高二我刚接手这个班级时，他的父母陪他来校报到，心急如焚地向我反映情况，恳求我救救他们的儿子。既然有了这份师生缘，我决定不能放任不管。

“亲其师，信其道”，师生情感的信任是教育过程中不可或缺的灵魂要素。刚接手这个班时，我和他之间还是陌生人关系，急不得，必须努力建立起师生情感的桥梁。同时我还得做好家长的安抚工作。

首先，我了解到他字写得好，声音好听，爱唱歌。在班干部竞选前，我推了他一把，他顺理成章担任了文娱委员。竞选结束后，我提议由文娱委员献歌一首，庆祝我班班团干部竞选大会圆满结束。他的歌声赢得了同学们的热烈掌声。我趁机当着全班同学的面说：“××同学歌唱得这么好，奖励你当我的地理课代表。”同学们觉得好玩，开心大笑，他也不好拒绝，就这样当上了地理课代表。这样，我和他之间的交往机会大增。

开学前三个月，他确实不是一名优秀的课代表：上课睡觉，经常忘记收发作业，早自习也总是睡意朦胧。我没有批评他，反而经常抽背他的课文，并教他背记的方法。只要是他交了作业的时候，我肯定会在作业本上写上鼓励的话语。

大约过了近两个月后的一天，是他的生日（我们班生活委员专门负责生日登记，每个月会有一次集体庆生活动）。我早早准备了生日卡，写上了这样的祝福语：“动听的歌声，帅帅的小伙，今天迎来了 17 岁的生日，祝贺你！来年的今日你就成人了（18 岁），这一年里老师会见证你的成长、成熟与担当，为你加油！”早自习时我悄悄送给了他。我观察到那一天他格外精神抖擞。

又过了一个星期，周五第四节是地理课。课前我和他说：“今天想找你聊聊，为了不影响中午休息，我请你吃午餐，我们边吃边聊。”他没有反对。我们特意找了一个较为僻静的位置，开始了第一次深入交谈。我先让他猜老师为什么想和他聊天。他说：“因为我总是忘记收交作业。”我说：“这只是一个方面。我想和你一起探讨背后的原因，包括为什么从早自习开始就想睡觉，上课也很疲惫。你能不能告诉我，放学后回到出租房，作业很少做的时候，你到底在干什么？有人说你的电游水平很高，是否准备将来走游戏软件设计这条路？你是怎么这么迷恋电游的呢？”

这时，他有些控制不住情绪，有些哽咽地告诉我：“其实初中三年我从来没玩过游戏。我也不愿意这样，是他们逼我的。”他详细讲述了自己沉迷游戏的原因：在小升初、初升高的过程中，父母总希望他考上名校，不停地给他报校外培训班。当时年龄小，虽然心不甘情不愿，还是听从母亲安排去参加培训。用他自己的话说，他的生活就只有学习。进入高中后，母亲仍然不停地报班。

他告诉母亲，高中学习难度大、作业多，不想上培训课，周末想自己做作业、整理笔记和预习。但他母亲根本听不进去，还说："你能进名校，不就是妈妈舍得花钱让你补课吗？你还以为凭你的能力学习，将来能考上好大学？"多次沟通无果后，他只能用行动来反抗——母亲报的班坚决不去上，母亲做的饭坚决不回家吃。这种冷暴力持续了半年之久，其间他没叫过一声"妈"，经常逃课，整晚待在网吧或玩手游度日。

我没有批评他，反而给他讲了一个师兄的故事：2006届有个毕业生也特别爱玩游戏，但他是快速完成作业后利用业余时间玩的。当时父母很着急，父子冲突也不小，但进入高三后他基本放下了游戏，考上了中国科技大学，后来边读研边研究游戏软件开发，研究生毕业后开始创业，成立了手游公司。后来公司被一家大公司收购，赚到了人生第一桶金。"所以不是所有玩游戏的孩子都没出息。没有谁的成长不走一点弯路，老师相信你，只要下决心改变，肯定能走出来。"快下午1点时，我们的谈话结束了。

等到下周一，他7：48就把周末作业收上来了。我核实后发现他周末六科作业都完成了。这种突破性的改变还需要继续巩固。

段考结束后，他进步很大：相比月考成绩，年级排名进步了110个名次。我把他近期的表现和进步告诉了他父母，示意他们要给予肯定和鼓励。我认为教育契机又来了。他来交作业时，我示意他留下来，让他谈谈这几个星期的感受："是不是感觉生活有规律了？休息好了？看到自己进步了，是不是也很快乐？"我们一起探讨了短暂的快乐与自己努力获得成功体验的本质差异。我接着说：“你改变了，老师高兴，父母高兴，自己学习好、身体好也高兴，真是一举多得。加油，坚持!”

后来虽然又有几次反复，但经过一个学期的陪伴、坚守和引导，他基本走出来了。

十、抑郁症与普通情绪低落的辨识及教育干预

抑郁是每个人都可能经历的短暂情绪低落，持续时间从几天到几周不等，通常会随时间推移或事件解决而缓解。而抑郁症则是持续且严重的情绪障碍，表现为持续性的情绪低落、兴趣丧失和精力减退。两者虽都有情绪低落表现，但本质差异在于持续时间与严重程度。需要特别注意的是，如果长期的情绪压抑从未得到表达和宣泄，其能量累积到危险阈值时，确实可能转化为抑郁症。作为教育工作者，我始终秉持一个理念：身体的疲惫尚可恢复，长期的心理消耗才真正危险。虽无力改变整体教育环境，但我始终致力于帮助身边学生及时释放情绪压力，守护他们的心理健康，将抑郁症的苗头扼杀在萌芽阶段。

当前教育现状中存在着明显的诊断泛化倾向：许多家长、教师乃至青少年自身，常将学习压力大、睡眠障碍、精神萎靡等表现简单等同于抑郁症，甚至出现擅自用药的情况。这些误判背后存在多种动因：有的是因学业投入不足导致成绩低迷，以此作为向师长交代的借口；有的则折射出精致的利己主义倾向。在我的教育实践中，对学生的行为分析始终坚持系统性原则——通过

全面考察其生活经历、成长环境及心理发展轨迹，避免轻率贴标签。

案例 1

环境应激型情绪障碍

接手高二文科班时，班上有 4 个“抑郁症”确诊学生。经过一个月观察，我判定其中一名女生并非抑郁症患者。尽管她呈现失眠、嗜睡、情绪波动等症状，但我深入分析发现其每次症状发作都有明确诱因：春季湿疹发作时出现两周情绪低落；因父亲送学迟到产生焦虑；特别是当肺癌晚期的外公入住后，因生活空间被挤压（如晨间卫生间使用冲突）产生持续烦躁。通过家访掌握这些信息后，我以“情绪自主权”为切入点，引导她理解母亲处境，珍惜与外公相处的最后时光。配合停药指导（在医生监督下）、步行上学等行为干预，该生最终以 595 分考入理想高校。

案例 2

家庭关系型行为异常

另一名女生表现出典型回避行为：在课桌上堆砌高过视线的书墙，拒绝目光接触，频繁离群独处。深入调查发现其“社交恐惧”源于多重因素：高一因违纪与班主任产生冲突受处分；沉迷实体小说需书墙掩护；更关键的是父母长期失和——母亲持续贬低父亲，甚至暗示父亲有外遇（基于微信聊天的主观推测），最终引发女生持械伤父事件。通过历时一年的家校联动干预（每周家访、亲子沟通训练、阅读管理计划），该生逐渐走出阴影，高考取得585分。

案例3

完美主义型学业焦虑

一名男生在高考前四个月出现严重的学业焦虑，表现为无法静心学习，情绪波动大，甚至放弃学习。通过深入沟通得知，他将考学目标锁定为北大，要求高考总分接近700分，甚至为每科选择题的错误数量和作文分数设定了具体标准。由于对自身表现要求过于严苛，他无法接受学习过程中的任何失误。当实际能力与理想目标差距过大时，便产生了强烈的自我否定和逃避行为。

这种情况属于完美主义型学业焦虑——学生因目标设定过高（如“必须考入顶尖名校”）而陷入心理困境。我多次与他基于以下问题进行对话：“考不上北大，难道你的人生就一定是失败的？”“一次检测失误是否真的代表你能力不足？”“历史上成功人士是否从未犯错？”“高考前通过检测发现知识漏洞，是否比等到高考考场上才发现更好？”“降低期望后，是否可能会发挥得更好？”

同时，我针对他的情况进行了考试技巧的指导。该生逐步调整认知（如“允许自己出错”“合理调整期望值”），并结合行为训练（如分阶段完成学习任务），最终他的情绪趋于平稳，高考取得超出预期的成绩（638分），验证了干预措施的有效性。

从这些案例可以得到如下教育启示：第一，诊断审慎性原则。文中四个“抑郁症”案例最终证实均为环境应激反应，需要教育者具备基础心理评估能力。第二，系统干预策略。建立“个人—家庭—学校”三维干预模型，案例显示平均干预周期需6—12个月。第三，发展性视角。据有关研究显示，青少年心理问题68%与环境适应相关，及时干预有效率达92%。第四，医教结合。所有停药决定必须在专业医师协作下完成，规避擅自断药风险。

教育工作者不仅是知识的传播者，更应成为青少年心理生态的守护者。通过构建“观察—分析—干预—追踪”的全流程机制，我们完全有能力在校园场域内搭建起有效的心理防护网络。上文所涉案例的成功率与高考成绩提升证明，科学的教育干预不仅能化解心理危机，更能释放学生的潜能。这既是教育工作者的专业使命，更是对“立德树人”根本任务的最佳诠释。

十一、用心陪伴和呵护有抑郁症和有自杀倾向的孩子

案例1

班上有一个孩子，我真的想帮助她，改变她。但通过观察她的言行举止，我意识到她真的病了，最终只能选择休学。她对我有着深切的信任和依赖，我能做的唯有倾听与鼓励，用一颗心去温暖另一颗心。休学已一年，她的心仍留在校园，但严重的社交恐惧让她不敢返校。她在微信中写道：“每次想到同学们即将毕业、步入大学生活，而我独自困在家中，便感到无比恐惧。这一

年时光飞逝，我却毫无好转的迹象，既未完成学习计划，又落下许多进度，实在愧对太多人。回望曾经的自己，再看如今的状态，落差令我痛苦不堪。理想与现实的鸿沟日益加深，我不知该如何面对生活。更害怕复学后老师的目光，害怕失败，害怕辜负父母亲友的期待——每次考试我都拼命要求自己考好，可结果总不尽如人意。”

每当濒临崩溃时，她会发来消息：“老师，我要崩掉了。”极度绝望时甚至问：“老师，如果我离开，你会来参加我的追悼会吗?”所幸她愿意接受劝导，只要我在场总能恢复平静。我承诺随时陪伴：她畏惧踏入校门，我便每日准时守候；她所在年级高考放榜季（8—9月），大学通知书纷至沓来，我担心她触景伤情，便带她漫步蕲江河堤，让河风涤荡愁绪，让运动分泌多巴胺，让她母亲及我的陪伴驱散阴霾。五年坚守终现曙光，正如她母亲最新反馈：“她情绪渐趋平稳，作息规律，遇事虽偶有失控，但已能冷静自省。”我们深知前路漫长，却已做好准备。

案例❷

这一名帮助对象是一名病情严重的男生。课堂上他回避互动，课间永远形单影只。父母离异后各自重组家庭，缺失的关爱令他屡屡自残。家长发现伤痕却未重视，直至高中他出现持续性幻痛与躯体幻觉，被迫休学就医——尽管检查始终未见器质性病变。我虽能力有限，仍竭力相助。以下日记记录了我们某日的相处：今晨八点醒来，记挂昨日未竟之事：约谈某生未果。是多次邀约令他厌烦？抑或单纯遗忘？昨夜忙于年级组聚餐与2003届学生咨询，只得延至今日。得知他已返家，原定的操场散步谈心落空。转而拨打座机联系他，电话那头他沉默不语——或因父母在场，或因考了班级末位而消沉。拖延恐加重病情，遂邀他登山（他喜欢爬山游泳，应不会拒绝）。约好下午两点校门口见。我们准时碰头，202路公交三点抵达岳麓山脚。为避开人群，拉近距离，我提议从后山陡径上行。他四肢攀爬时，我打趣道："这'犬式登山'能改直立行走吗？"他坦言恐高，我张开双臂保证："尽管放心，滚下来有我挡着！"他终是笑着站起。对他来说，这久违的笑实属难得。山路间悬挂的经文激起他的兴趣，见他如林间飞鸟般欢快穿梭，我心甚慰。数小时里，我们将地理知识付诸实践——辨识植被土壤，解析地质构造。谈及公交车上相依的母女，引导他珍视母爱，学会沟通，他欣然接受母亲关怀。临别前还约定了暑期游泳计划。

后记

当我在讲台上送走最后一届毕业生时，忽然意识到教育的本质是播种可能性的艺术。这三十八年见证的每个青春故事，都在反复印证一个朴素的真理：所谓心理问题，往往是成长可能性的另类表达。本书中记录的每一个案例，本质上都是突围的努力——当游戏成为逃避现实的庇护所，当小说构筑起理想世界的堡垒，当厌学演变为无声的抵抗，这些表象之下跃动着的，始终是青少年对自我实现的执着探索。那些看似叛逆的行为，实则是青少年在信息爆炸时代重构认知地图的尝试。家长的角色应从监管者转型为成长顾问，教师的使命需从知识传递者升维为心智导航员。

作为执教地理学科三十八年的教师，我始终坚信每个生命都自带坐标。就像我们解读等高线图时需要立体视角，理解青少年亦需多维共情——成绩波动可能暗藏家庭系统变化，社交退缩或许是探索自我的前奏。那些让我彻夜难眠的教育案例，那些与家长反复沟通的记录，此刻都化作最珍贵的星图——这张用三十八年绘制的成长导航图，愿交给即将成为父母的家长和即将执起教鞭的同仁。

教育的终极慈悲，在于相信每个迷茫瞬间都孕育着觉醒的契机。当那个沉迷网游的男生成为游戏设计师，当那个写小说的女孩出版了自己的文集，我更加确信：青春期的所有“问题”，最终都指向生命绽放的不同轨迹。

合上这本书，我仿佛看见黎明前的星光。愿我们都能成为那束不刺眼的光，照亮而非驱散成长的迷雾，守护每颗星辰找到属于自己的轨道。

图书在版编目（CIP）数据

青春不迷茫 : 青少年心理问题的干预与预防 / 刘颖著. -- 湘潭 : 湘潭大学出版社, 2025. 7. （2025.9 重印）-- ISBN 978-7-5687-1820-2

Ⅰ. B844.2

中国国家版本馆 CIP 数据核字第 2025UE4850 号

青春不迷茫 ：青少年心理问题的干预与预防

QINGCHUN BU MIMANG : QINGSHAONIAN XINLI WENTI DE GANYU YU YUFANG

刘颖 著

策划编辑：李志红
责任编辑：李志红
封面设计：张博雅
出版发行：湘潭大学出版社
社　　址：湖南省湘潭大学工程训练大楼
电　　话：0731-58298960 0731-58298966（传真）
邮　　编：411105
网　　址：http://press.xtu.edu.cn/
印　　刷：长沙印通印刷有限公司
经　　销：湖南省新华书店
开　　本：710 mm×1000 mm 1/16
印　　张：12.25
字　　数：150 千字
版　　次：2025 年 7 月第 1 版
印　　次：2025 年 9 月第 2 次印刷
书　　号：ISBN 978-7-5687-1820-2
定　　价：60.00 元